机动车排放检验领域第三方机构监督管理常见问题知识问答

朱 静 刘 嘉 陈伟程 著

中国环境出版集团·北京

图书在版编目（CIP）数据

机动车排放检验领域第三方机构监督管理常见问题知识问答 / 朱静，刘嘉，陈伟程著. -- 北京 ：中国环境出版集团，2024. 12. -- ISBN 978-7-5111-6150-5

Ⅰ. X831-44

中国国家版本馆 CIP 数据核字第 2024AG9912 号

责任编辑 孙　莉
封面设计 岳　帅

出版发行 中国环境出版集团
（100062　北京市东城区广渠门内大街 16 号）
网　　址：http: //www.cesp.com.cn.
电子邮箱：bjgl@cesp.com.cn.
联系电话：010-67112765（编辑管理部）
010-67112736（第五分社）
发行热线：010-67125803，010-67113405（传真）
印　　刷 北京中科印刷有限公司
经　　销 各地新华书店
版　　次 2024 年 12 月第 1 版
印　　次 2024 年 12 月第 1 次印刷
开　　本 787×960　1/16
印　　张 11.5
字　　数 210 千字
定　　价 58.00 元

前 言

Preface

当前移动源超标排放导致的大气污染日益显现，严重影响大气环境质量改善。机动车排放检验机构和维修机构作为移动源管理的“最后一道闸门”，一旦失守，将直接导致大气污染物大量超标排放，甚至直排。因此，必须抓住机动车排放检验机构和维修机构这个“牛鼻子”，倒逼机动车排放检验领域第三方机构合规守法，从而推进空气质量持续改善。

近年来，随着我国机动车排放检验机构市场的放开，机动车排放检验机构数量不断增多。在市场竞争环境下，不少机动车排放检验机构经营困难、生存压力大。为了降低成本或提高市场占有率，一些机动车排放检验机构不惜弄虚作假，以求生存。

党中央、国务院高度重视移动源污染防治和机动车排放检验领域第三方机构打假工作，在《中共中央　国务院关于深入打好污染防治攻坚战的意见》《空气质量持续改善行动计划》等文件中，均明确要求强化对机动车排放检验机构的监管执法，对参与弄虚作假的排污单位和第三方机构、人员依法追究责任。

2024 年 8 月，市场监督管理总局、公安部、生态环境部、住房和城乡建设部、交通运输部五部门联合印发《检验检测领域综合治理行动方案》，明确提出要深入开展机动车检验专项整治，依法严厉打击替检代检、未经检测出具报告、减少检验项目或降低检验标准、篡改检验数据、出具虚假检验报告、不符合机动车排放定期检验规范等违法违规行为。

2024 年 9 月，生态环境部会同最高人民法院、最高人民检察院、公安部、交通运输部、市场监督管理总局，组织各省（区、市）相关部门，召开机动车排放检验领域第三方机构专项整治工作会议，并以“零容忍”态度坚决打击机动车排放检验领域第三方机构造假行为。

基于以上背景，我们结合日常工作，总结提炼了机动车排放检验领域第三方机构监督管理过程中常见的问题，并在生态环境部大气环境司、生态环境执法局的指导和支持下，编写了《机动车排放检验领域第三方机构监督管理常见问题知识问答》，从常识问答、政策法规、标准规范、监管执法等方面，以问答的形式对机动车排放检验领域第三方机构监督管理中常见的问题进行了梳理解答，以飨读者。

本书主编为朱静、刘嘉、陈伟程。第一篇为常识篇，主要介绍机动车检验机构相关概念、汽车排放检验与维护（I/M）制度、在用车排放检验、机动车排放检验机构监督检查相关内容，由陈伟程、赵海光编写；第二篇为政策法规篇，主要介绍机动车排放检验领域第三方机构监督管理涉及的法律、法规、文件等规定，由朱静、王博文编写；第三篇为标准规范篇，主要介绍在用汽油车排放标准、在用柴油车排放标准、机动车排放定期检验规范、汽车排放定期检验信息采集传输技术规范相关内容，由刘嘉、李轶、祖雷、倪红、皮晓超编写；第四篇为监管执法篇，主要介绍机动车检验机构和维修机构现场检查要点、典型违法违规问题判别方法以及常见问题等相关内容，由伊飞、马遥、张诗海编写；附录主要包括典型案例和机动车排放检验监督管理相关文件，由朱静、贾明编写。朱静、刘嘉、陈伟程负责全书整理工作。

本书既可作为环境执法人员和机动车排放检验领域第三方机构的学习教材，也可作为广大环保工作者的自学用书。

由于编者知识水平和能力有限，书中难免有疏漏之处，恳请广大读者不吝赐教和指正。

编者

2024 年 11 月

目 录

Contents

第一篇 常识篇 /001

第一章 机动车检验机构相关概念 /003

1. 机动车排放检验机构指哪些机构？/003
2. 机动车安全技术检验机构指哪些机构？/003
3. 机动车检验机构指哪些机构？/003
4. 汽车排放性能维护（维修）站指哪些企业？/004
5. 机动车排放检验机构和汽车排放性能维护（维修）站能否是同一主体或单位？/004
6. 各类机动车年检周期的相关规定是什么？/004

第二章 汽车排放检验与维护（I/M）制度 /005

7. 什么是 I/M 制度？/005
8. I 站是什么？M 站是什么？/005
9. I/M 制度的责任主体是谁？/005
10. I/M 制度如何实施？/006

第三章 在用车排放检验 /008

11. 什么是环保定期检验？/008

12. 为什么要进行环保定期检验？/008
13. 环保定期检验包括哪些内容？/008
14. 定期检验超标了怎么办？/009
15. 发现某一车型车辆集中出现排放超标现象怎么办？/009
16. 什么是在用车监督抽检？/010
17. 什么是路检路查？/010
18. 什么是入户抽测？/010
19. 什么是遥感监测？/011

第四章　机动车排放检验机构监督检查 /012

20. 机动车排放检验机构监督检查主要检查哪些内容？/012
21. 哪些机动车排放检验机构应作为重点监管对象？/012
22. 机动车排放检验机构应具备哪些技术能力？/013
23. 机动车排放检验机构的检验人员有哪些要求？/013
24. 机动车排放检验机构的哪些检测行为是被禁止的？/013
25. 机动车排放检验机构在开展检测过程中需要重点注意什么？/014
26. 机动车排放检验机构和维修机构存在哪些弄虚作假行为？/014

第二篇　政策法规篇 /017

27. 我国机动车排放检验领域第三方机构监督管理的政策法规体系包括哪些内容？/019
28.《中华人民共和国大气污染防治法》中涉及机动车排放检验领域第三方机构监督管理的条款有哪些？/019
29.《中华人民共和国环境保护法》中涉及机动车排放检验领域第三方机构监督管理的条款有哪些？/020
30.《中华人民共和国刑法》中涉及机动车排放检验机构监督管理的条款有哪些？/020

31.《中华人民共和国道路运输条例》对机动车维修经营者的相关要求有哪些？/024
32. 地方出台了哪些法规用于机动车排放检验领域第三方机构的监督管理？/024
33. 近期出台的中共中央有关文件中有哪些涉及机动车排放监管？/027
34. 近期出台的国务院有关文件中有哪些涉及机动车排放监管？/028
35. 生态环境部等部委有哪些文件涉及机动车排放监管？/028

第三篇　标准规范篇 /031

第一章　在用汽油车排放标准介绍 /033

36. 在用汽油车排放标准是指哪个标准？/033
37. 在用汽油车排放标准规定的检验项目有哪些？/033
38. 在用汽油车的环保检验流程是什么？/034
39. 在用汽油车排放检验的测试方法包括哪些？/035
40. 什么是双怠速法？/035
41. 什么是工况法？/035
42. 稳态工况法怎么做？/036
43. 瞬态工况法怎么做？/036
44. 简易瞬态工况法怎么做？/037
45. 在用汽油车排放检验测试方法的排放限值分别是什么？/037
46. 在用汽油车排放检验测试方法的排放限值设置有何特点？/038
47. 在用汽油车环保定期检验应采用哪种检测方法？/038
48. 燃油蒸发排放控制系统检验包括哪些内容？/039
49. 燃油蒸发排放控制系统外观检查包括哪些内容？/039
50. 燃油蒸发排放控制系统外观检查不合格的情况包括哪些？/039
51. 在开展燃油蒸发排放控制系统加油口压力测试时需要注意什么？/039
52. 燃油蒸发排放控制系统加油口压力测试不合格的情况包括哪些？/040

53. 在开展燃油蒸发排放控制系统油箱盖测试时需要注意什么？/040
54. 燃油蒸发排放控制系统油箱盖测试不合格的情况包括哪些？/040
55. 汽油车排放检验不合格的情况包括哪些？/040

第二章　在用柴油车排放标准介绍 /042

56. 在用柴油车排放标准是指哪个标准？/042
57. 在用柴油车排放标准规定的检验项目有哪些？/042
58. 在用柴油车排放检验的测试方法包括哪些？/043
59. 什么是自由加速法？/043
60. 自由加速法试验条件的具体要求有哪些？/044
61. 自由加速法车辆准备的具体要求有哪些？/044
62. 什么是加载减速法？/044
63. 加载减速法测试对车辆预检的要求包括哪些？/044
64. 加载减速法车辆准备的具体要求有哪些？/045
65. 加载减速法的排放检测由几部分构成？/046
66. 加载减速法每条检测线应至少设置几个岗位？/046
67. 加载减速法预先检查阶段，在将车辆驾驶到底盘测功机前，检测员应对受检车辆进行哪些调整？/046
68. 如果待检车辆通过预检程序，检测员应如何规范地将待检车辆驾驶到底盘测功机上？/047
69. 加载减速法试验准备的具体要求有哪些？/047
70. 加载减速法排气试验前的检查和准备工作包括哪些？/047
71. 待检车辆完成加载减速法检测后，检测员应如何规范地将待检车辆驶离底盘测功机？/048
72. 轻型车排放试验的底盘测功机应符合哪些技术要求？/048
73. 重型车排放试验的底盘测功机应符合哪些技术要求？/049
74. 在用柴油车排放检验测试方法的排放限值分别是什么？/049
75. 什么是遥感检测法？/050
76. 什么是林格曼黑度法？/050

77. 在用柴油车环保定期检验应采用哪种排气污染物检测方法？/051
78. 柴油车排放检验不合格的情况包括哪些？/051

第三章 《机动车排放定期检验规范》介绍 /052

79.《机动车排放定期检验规范》（HJ 1237—2021）主要规定了哪些内容？/052
80. 检验系统组成的具体要求是什么？/052
81. 外观检验设备的技术要求包括哪些？/052
82. 在用汽车外观检验具体包括哪些内容？/052
83. OBD 检查设备的技术要求包括哪些？/053
84. OBD 检查的内容包括哪些？/053
85. OBD 检查怎样做？/053
86. OBD 通信检查程序是什么？/055
87. 在用汽车 OBD 检查不合格的情形包括哪些？/055
88. 应对哪些汽车进行 OBD 检查？/055
89. 机动车排气污染物检测设备的技术要求有哪些？/056
90. 排气分析仪应满足哪些技术要求？/056
91. 气象站应满足哪些技术要求？/056
92. 仪器设备日常运行和维护要求有哪些？/057
93. 双怠速法设备检查项目及周期是什么？/058
94. 稳态工况法设备检查项目及周期是什么？/058
95. 简易瞬态工况法设备检查项目及周期是什么？/059
96. 自由加速法设备检查项目及周期是什么？/060
97. 加载减速法设备检查项目及周期是什么？/061
98. 检验机构使用的标准物质应满足哪些要求？/061
99. 检验机构的检验技术要求有哪些？/062
100. 汽车在进行排放检验时应选择哪种检测方法？/063
101. 排气污染物检测工况法的适用性如何判断？/064
102. 混合动力电动汽车排气污染物检测有何特殊规定？/064
103. 燃气车辆排气污染物检测有哪些特别之处？/065

104. 特殊技术车辆排气污染物检测有何要求？/065
105. 数据记录有哪些要求？/066
106. 检验机构视频监控的技术要求包括哪些？/066

第四章 《汽车排放定期检验信息采集传输技术规范》介绍 /067

107.《汽车排放定期检验信息采集传输技术规范》（HJ 1238—2021）主要规定了哪些内容？/067
108. 汽车排放定期检验信息采集传输的整体框架是什么？/067
109. 汽车排放定期检验信息采集传输软件包括哪几类？/068
110. 设备软件在安装时有哪些具体要求？/068
111. 设备软件有哪些功能要求？/068
112. 机构软件应包括哪些功能要求？/069
113. 机构软件对数据保存和共享的具体要求是什么？/069
114. 机构软件对视频与图片采集保存传输的具体要求是什么？/069
115. 监管软件应包括哪些功能要求？/070
116. 汽车排放定期检验信息的传输要求是什么？/070

第四篇 监管执法篇 /071

第一章 机动车检验机构和维修机构现场检查要点 /073

117. 机动车检验机构和维修机构检查主要包括哪些内容？/073
118. 机动车检验机构现场检查点位包括哪些？/073
119. 机动车检验机构检测线尾气采样位置的检查内容及检查要点包括哪些？/074
120. 机动车检验机构分析仪控制间的检查内容及检查要点包括哪些？/075
121. 机动车检验机构标准物质存放处的检查内容及检查要求包括哪些？/075
122. 机动车检验机构记录和报告检查点位包括哪些？/075

123. 机动车检验机构检验报告存档处的检查内容及检查要点包括哪些？/076
124. 机动车检验机构检验数据存储系统的检查内容及检查要点包括哪些？/076
125. 机动车检验机构监控系统工控机的检查内容及检查要点包括哪些？/077
126. 机动车检验机构资质检查点位、检查内容及检查要点包括哪些？/078
127. 机动车排放性能维护（维修）站现场检查点位包括哪些？/079
128. 机动车排放性能维护（维修）站维修车间的检查内容及检查要点包括哪些？/079
129. 机动车排放性能维护（维修）站维修件仓库的检查内容及检查要点包括哪些？/079
130. 机动车排放性能维护（维修）站记录及发票检查点位、检查内容、检查要点包括哪些？/080
131. 机动车排放性能维护（维修）站维修视频检查点位、检查内容、检查要点包括哪些？/080
132. 机动车维修点现场检查点位包括哪些内容？/080
133. 机动车维修点维修车间的检查内容及检查要点包括哪些？/080
134. 机动车维修点维修件仓库的检查内容及检查要点包括哪些？/081
135. 机动车维修点记录及发票检查点位、检查内容及检查要点包括哪些？/081
136. 机动车维修点维修视频检查点位、检查内容、检查点位包括哪些？/081

第二章　典型违法违规问题判别方法 /082

137. 如何判断是否使用作弊设备？/082
138. 如何判别擅自变更检测方法？/082
139. 如何判定冒黑烟仍出具合格报告？/082
140. 如何判定车辆存在“替检”行为？/082
141. 如何判定人工干扰检测过程？/082
142. 如何判定检测过程转速造假或不规范？/083
143. 如何判定未按标准规范进行检测？/083

第三章　常见问题 /084

144. 在使用三级联网平台调取机构历史检测信息，检查检测报告的真实性和有效性时，具体检查内容包括哪些？/084

145. 首次检验结果不合格的车辆复检时应采用哪种检测方法？/084
146. 排气污染物检测结果为负数或者零时，应如何记录？/084
147. 机动车检验档案的保存期限为多少年？检验档案包括哪些内容？/085
148. 篡改检验数据，出具虚假检验报告通常包括哪些情况？/085
149. 哪些情况属于逃避监管或抗拒检查？/085
150. 检验数据不符合逻辑的情况包括哪些？/085

附录 /087

附录 1：典型案例 /089

案例 1　使用 **OBD** 故障码屏蔽器 /089
案例 2　利用作弊软件干扰计算机数据检测系统 /089
案例 3　利用外挂软件篡改数据 /090
案例 4　利用作弊器篡改车辆 **OBD** 信息 /091
案例 5　不检验直接出具检验报告 /092
案例 6　替车检验 /092
案例 7　冒黑烟出具虚假报告 /093
案例 8　未采用国家规定的排放检验方法进行检验 /093
案例 9　降低检验标准、放宽检验方法 /094
案例 10　取样探头插入深度不足 **400 mm**/094
案例 11　检验时不插入取样管 /095
案例 12　双排气管车辆却单管取样 /095
案例 13　人为跳过 **OBD** 检测 /096
案例 14　擅自降低车辆额定功率 /096
案例 15　人为篡改、伪造检验报告 /097
案例 16　破坏计算机信息系统 /097

案例 17　故意遮挡摄像头 /098

案例 18　未通过计量认证出具检验报告 /099

附录 2：机动车排放检验监督管理相关文件 /100

关于印发《检验检测领域综合治理行动方案》的通知 /100

关于建立实施汽车排放检验与维护制度的通知 /106

进一步规范排放检验加强机动车环境监督管理工作的通知 /111

检验检测机构资质认定管理办法 /116

检验检测机构监督管理办法 /123

市场监管总局关于发布《检验检测机构资质认定评审准则》的公告 /128

市场监管总局办公厅关于印发《机动车检验机构资质认定评审补充技术要求》的通知 /161

第一篇

常识篇

CHANGSHI PIAN

第一章　机动车检验机构相关概念

1. 机动车排放检验机构指哪些机构?

机动车排放检验机构是指按照法律法规和标准的规定，具备检验检测资质，开展机动车注册登记排放检验及排放定期检验工作，并向社会出具具有证明作用的检验检测数据、结果、报告的机构。

2. 机动车安全技术检验机构指哪些机构?

机动车安全技术检验机构是指依照《中华人民共和国道路交通安全法》及其实施条例的规定，按照机动车安全技术检验标准，对上道路行驶的机动车开展安全技术检验的机构。

3. 机动车检验机构指哪些机构?

机动车检验机构是指开展机动车安全技术检验和排放检验的机构。按照《关于印发〈关于深化机动车检验制度改革优化车检服务工作的意见〉的通知》（公交管〔2022〕295号）的要求，新建检验机构对同一类车型机动车应当同时具备安全技术检验（简称安检）和排放检验（简称环检）能力，实现“两站合一”，提供“一站式”便民服务。

4. 汽车排放性能维护（维修）站指哪些企业？

汽车排放性能维护（维修）站是指从事汽车排放性能维护的汽车维修企业。一般情况下，取得汽车维修经营备案的一类、二类汽车维修企业和从事发动机维修的三类汽车维修企业，可作为汽车排放性能维护（维修）站。

5. 机动车排放检验机构和汽车排放性能维护（维修）站能否是同一主体或单位？

机动车排放检验机构和汽车排放性能维护（维修）站不能为同一主体或单位。机动车排放检验机构及其工作人员不得以任何方式直接或间接从事机动车排放污染治理维修业务。

6. 各类机动车年检周期的相关规定是什么？

⚠ 各类机动车的年检周期

机动车类型	年检周期
营运载客汽车	5年以内每年检验1次； 超过5年的，每6个月检验1次
载货汽车和大型、 中型非营运载客汽车	10年以内每年检验1次； 超过10年的，每6个月检验1次
非营运小微型载客汽车 （面包车除外） 摩托车	第6年、第10年进行安全技术检验，在10年内每两年向公安机关申领检验标志； 超过10年的，每年检验1次
拖拉机和其他机动车	每年检验1次

第二章　汽车排放检验与维护（I/M）制度

7. 什么是I/M制度？

I/M 制度是指依法对在用汽车排放进行定期检验、监督抽测和维护修理，使汽车排放符合相关标准要求的管理制度。通俗地讲，就是对超标排放的汽车实施强制维修，保持在用汽车生命周期内自身排放控制能力，使其符合排放标准的污染防治制度。“I”是英文“Inspection”的缩写，指车辆排放达标检验；“M”是英文“Maintenance”的缩写，指车辆的维修维护。

8. I站是什么？M站是什么？

I 站是指汽车排放检验机构；M 站是指汽车排放性能维护（维修）站。

9. I/M制度的责任主体是谁？

按照《关于建立实施汽车排放检验与维护制度的通知》（环大气〔2020〕31 号）的要求，地方各级生态环境部门、市场监管部门、交通运输部门是 I/M 制度实施监管的责任主体，汽车排放检验机构和汽车排放性能维护（维修）站是 I/M 制度运行的责任主体。各责任主体相关职责见下表。

I/M 制度责任主体及职责

责任主体	职责
各级生态环境、市场监管部门	依法加强汽车排放检验机构的监督检查，可采取现场随机抽检、排放检测比对、远程监控排查等方式，强化对汽车排放检验机构的监管。 对异地登记车辆排放检验比较集中、排放检验合格率异常的汽车排放检验机构，应作为重点对象加强监管。 严厉打击汽车排放检验机构伪造检验结果、出具虚假报告、屏蔽或者修改车辆环保监控参数等违法行为；将相关违法违规行为通报市场监管部门，由市场监管部门依法处罚，并记入信用记录。

续表

责任主体	职责
各级交通运输部门	充分发挥汽车维修电子健康档案系统作用，提升行业数字化监管能力，规范汽车排放性能维护修理经营行为。 对不具备维护修理能力、用强制或者虚假信息诱导欺骗的方式向托修方违规搭售排放维护修理项目或配件装置、有意夸大配件装置性能或维修效果、群众举报投诉多的汽车排放性能维护（维修）站，要依法依规加强监管和处罚。 对使用假冒伪劣配件维护修理、破坏汽车车载排放诊断系统、采用临时更换汽车污染控制装置等弄虚作假方式通过排放检验等行为，依法处罚。
汽车排放检验机构	应当依法通过资质认定（计量认证）。 使用经依法检定合格或校准的排放检验设备，按照相关规范进行排放检验。 与生态环境部门联网，实现检验数据实时共享。
汽车排放性能维护（维修）站	按照《机动车维修管理规定》、有关技术标准规范、汽车生产（含进口）企业公开的维修技术信息、机动车排放检验报告单及车载排放诊断系统记载信息等，对超标排放车辆进行科学诊断和合理维护修理。 完成排放超标维护修理后，要按照规定通过汽车维修电子健康档案系统将汽车排放维护修理信息及时上传到当地交通运输部门，并注明是超标排放维护车辆。

10. I/M 制度如何实施？

实施 I/M 制度主要有检测、维修、复检三个步骤。

I 站对超标排放汽车应通过书面告知、手机短信等方式通知汽车所有人或使用人到 M 站维护修理。监督抽查时发现的超标车辆，由生态环境部门通知汽车所有人或使用人到 M 站维修。

M 站完成排放超标维护修理后，要按照规定向托修方交付维修结算清单或者机动车维修竣工出厂合格证，并通过汽车维修电子健康档案系统将汽车排放维护修理信息及时上传到当地交通运输部门，并注明是超标排放维护车辆。超标排放汽车经诊断后确实无法修复的，或维护修理后仍然无法达到规定排放标准的，应如实告知委托方，由托修方决定是否继续维护修理。

超标排放汽车经 M 站维修后，到 I 站进行排放复检，I 站应将其维护修理记录作为复检凭证。汽车经复检合格后方可上路行驶。

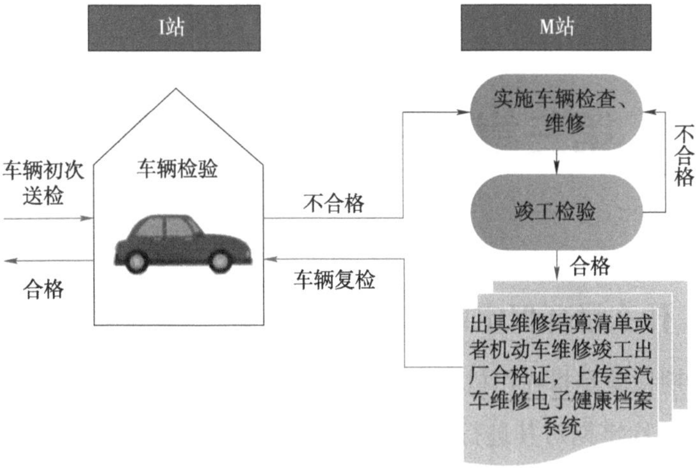
I站
M站
车辆初次送检
车辆检验
合格
不合格
车辆复检
实施车辆检查、维修
竣工检验
不合格
合格
出具维修结算清单或者机动车维修竣工出厂合格证，上传至汽车维修电子健康档案系统

第三章　在用车排放检验

11. 什么是环保定期检验？

环保定期检验是指在用机动车应当按照国家或者地方的有关规定，由机动车排放检验机构定期对其进行排放检验。经检验合格的机动车方可上路行驶。未经检验合格的机动车，公安机关交通管理部门不得核发安全技术检验合格标志。

12. 为什么要进行环保定期检验？

①减少环境污染。汽车尾气是城市空气污染的主要来源之一，通过环保定期检验可以有效控制车辆尾气排放量，减少空气污染。

②政策要求。根据国家和地方的环保法规，定期进行车辆环保检验是每个机动车车主的义务。

③提高车辆性能。通过环保检验，车主可以及时发现和修复车辆存在的故障，保持车辆的良好性能。

13. 环保定期检验包括哪些内容？

①外观检验。

√ 检查被检验车辆的车况是否正常；

√ 检查车辆是否存在严重烧机油或严重冒黑烟现象；

√ 检查燃油蒸发控制系统连接管路的连接是否正确、完整（仅对汽油车）；

√ 检查发动机排气管、排气消声器和排气后处理装置的外观及安装紧固部位是否完好；

√ 检查车辆是否配置有 OBD（车载自动诊断）系统；

√ 判断车辆是否适合进行工况法检测（汽油车为简易工况法，柴油车为加载减速法）；

√ 变更登记、转移登记检验时应查验污染控制装置是否完好。

② OBD 检查。

√ 故障指示器状态；

√ 诊断仪实际读取的故障指示器状态；

√ 故障代码；

√ MIL 灯点亮后行驶里程；

√ 诊断就绪状态值。

③排放检测。按照《汽油车污染物排放限值及测量方法（双怠速法及简易工况法）》（GB 18285—2018）和《柴油车污染物排放限值及测量方法（自由加速法及加载减速法）》（GB 3847—2018）进行尾气排放检测，汽油车可进行燃油蒸发检查。

14. 定期检验超标了怎么办?

《中华人民共和国大气污染防治法》第六十条规定：在用机动车排放大气污染物超过标准的，应当进行维修；经维修或者采用污染控制技术后，大气污染物排放仍不符合国家在用机动车排放标准的，应当强制报废。2020 年 6 月，生态环境部、交通运输部、国家市场监督管理总局发布《关于建立实施汽车排放检验与维护制度的通知》（环大气〔2020〕31 号），要求超标排放汽车所有人或使用人到汽车排放性能维护（维修）站进行维护修理，复检合格后方可上路行驶。

因此，定期检验不合格车辆应及时到有资质的 M 站进行维护修理，修复后再到 I 站进行复检，直至检验合格。对经维修或者采用污染控制技术后，大气污染物排放仍不符合国家在用机动车排放标准的车辆，应当强制报废。

15. 发现某一车型车辆集中出现排放超标现象怎么办?

检查（含 OBD 检查和外观检查）工作中，如果发现某一车型车辆集中出现排放超标现象，生态环境主管部门应做好记录和取证工作，填写《集中超标车型环保查验记录表》并上报国务院生态环境主管部门，同时应将记录信息通报上级生态环境主管部门和同级公安交通管理、市场监管等有关部门。

16. 什么是在用车监督抽检?

在用车监督抽检是指周期性检验以外的其他在用车监督检查方法，一般包括路检路查、入户抽测和遥感监测等方式。

17. 什么是路检路查?

路检路查是为严厉打击机动车超标排放等违法行为，由生态环境、公安交通管理、交通运输等部门联合执法的一种工作机制。该工作机制采用“生态环境部门负责检测取证、公安交通管理部门负责依法查处、交通运输部门负责监督维护”的联合监管执法模式，重点检查柴油货车污染控制装置、OBD、尾气排放达标情况，具备条件的可抽查柴油和车用尿素质量及使用情况。

18. 什么是入户抽测?

入户抽测是指生态环境部门对柴油车超过 20 辆的重点企业进行的入户车辆检测，对排放不合格的车辆督促限期到 M 站进行维护修理，并经 I 站复检合格后方可使用。同时，督促指导企业建立完善车辆维护、燃料和车用尿素添加使用台账。

19. 什么是遥感监测？

遥感监测是指通过遥感设备对道路行驶的柴油车进行自动监测，对 6 个月内连续 2 次超标的柴油车，生态环境部门通知车辆所有人或使用人限期到 M 站进行维护修理，并经 I 站复检合格后方可使用。

第四章　机动车排放检验机构监督检查

20. 机动车排放检验机构监督检查主要检查哪些内容?

机动车排放检验机构监督检查主要检查检验机构的检验资质、检测方法、检测设备、检测操作、检验报告、数据报送等是否符合相关要求。

检验资质主要检查是否具有检验检测机构资质认定证书（CMA），是否具备《汽油车污染物排放限值及测量方法（双怠速法及简易工况法）》（GB 18285—2018）和《柴油车污染物排放限值及测量方法（自由加速法及加载减速法）》（GB 3847—2018）要求的检验能力。

汽油车的检测方法、检测标准、检测设备、检测操作、检验报告主要检查是否符合《汽油车污染物排放限值及测量方法（双怠速法及简易工况法）》（GB 18285—2018）的要求。

柴油车的检测方法、检测标准、检测设备、检测操作、检验报告主要检查是否符合《柴油车污染物排放限值及测量方法（自由加速法及加载减速法）》（GB 3847—2018）的要求。

燃气车、混合动力车的检测方法、检测标准、检测设备、检测操作、检验报告主要检查是否符合《汽油车污染物排放限值及测量方法（双怠速法及简易工况法）》（GB 18285—2018）的要求。

数据报送主要检查是否符合《汽车排放定期检验信息采集传输技术规范》（HJ 1238—2021）的要求。

21. 哪些机动车排放检验机构应作为重点监管对象?

强化机动车遥感监测数据、路检路查、入户检查和定期排放检验数据的联动分析，将存在监督抽测超标排放机动车当前周期内检验达标、异地登记车辆排放检验集中、排放检验合格率异常以及群众举报、投诉较多等情况的机动车排放检验机构列入重点监管对象。

22. 机动车排放检验机构应具备哪些技术能力?

机动车排放检验机构应具备《汽油车污染物排放限值及测量方法(双怠速法及简易工况法)》(GB 18285—2018)、《柴油车污染物排放限值及测量方法(自由加速法及加载减速法)》(GB 3847—2018)或其他排放标准中对应车型的排放检验能力(不适用的除外)。

具有多场所的机动车排放检验机构,每一个检验场所都应具备一类或几类车辆类型的机动车安全技术检验全部项目检验能力和对应车型的排放检验能力,具备独立开展机动车排放检验的完整检验能力和服务能力。

23. 机动车排放检验机构的检验人员有哪些要求?

①配置要求。

机动车排放检验机构检验人员应包括但不限于登录员、外观检验员、底盘部件检验员、引车员、OBD 查验员、排放检验员等。

②数量要求。

检验人员数量应与所承担的机动车排放检验工作相匹配。

③技术负责人、授权签字人要求。

技术负责人、授权签字人应熟悉相关的法律法规、标准,熟悉机动车理论与构造、排放控制系统基础知识与组成,熟悉各检验工位业务、流程及相关专业知识,熟悉检验检测仪器设备的结构及性能,熟练掌握检验检测仪器设备的操作规程。应具有中级及以上相关专业技术职称并从事相关检验检测工作三年及以上,或者具备同等能力。大型客车、校车和危险货物运输车辆检验授权签字人为具有同等能力人员时,从事相关检验检测工作时限在原有要求基础上增加两年。

24. 机动车排放检验机构的哪些检测行为是被禁止的?

①禁止采用作弊软件、硬件模拟检测数据或干扰检测过程。

②禁止采用“代车”方式给排放不合格车辆出具合格检验报告。

③禁止在采样管路非法加装过滤装置影响检测结果。

④禁止篡改检测系统标准气体浓度使设备强行通过自检。

⑤禁止检测过程有明显可见烟仍出具合格检验报告。

⑥禁止篡改柴油车发动机额定功率等关键信息。

⑦禁止对同一车辆、相同型号车辆违规变更检测方法。

⑧禁止本地数据与监管平台数据不一致。

⑨禁止使用已过期标准物质、检测设备。

⑩禁止存在多版本检验软件。

25. 机动车排放检验机构在开展检测过程中需要重点注意什么?

①注意车辆基本信息是否准确、完善。

②注意外观检验信息是否准确。

③注意双排气管车辆是否采用“Y”形取样管。

④注意取样探头是否插入受检车辆排气管中至少 400 mm。

⑤注意环境参数、油温、转速、气体流量分析仪等过程数据是否缺失或异常。

⑥注意检测设备的检查项目是否完整、检查周期是否正确。

⑦注意摄像头摆放位置是否适当。

⑧注意非免检柴油新车是否上传所有图片资料。

⑨注意柴油车检测时挡位是否选择正确。

⑩注意安全装置是否已使用。

26. 机动车排放检验机构和维修机构存在哪些弄虚作假行为?

当前某些机动车排放检验机构和维修机构的作弊手段花样百出，归纳起来主要包括以下 10 种情形：

①使用 OBD“一键达标”作弊器等作弊装置。

主要是使用作弊软件或硬件，模拟车辆检验数据干扰检测。

②不检验直接出具检验报告。

车辆不用上线检测，甚至没有到场，直接出具合格检验报告。

③替检。

主要是使用其他车辆替代实际受检车辆检测，或者使用其他气体代替排放尾气检测。

④未按标准要求检验而出具合格检验报告。

包括车辆怠速曲线异常平直，传感器垫高、拔出、断开等判定合格，检测仪插头深度不够，将冒黑烟车辆判定合格，放宽检验方法，检验环节缺失等。

⑤篡改计算机记录结果。

主要是直接修改排放结果，篡改过程数据，篡改额定功率等车辆参数，放宽标准限值，故意删除原始数据和记录等。

⑥故意遮挡视频。

故意遮挡采样、检验等重要过程或环节的视频，出具虚假检验报告，规避监管。

⑦对车辆进行非法改装。

包括擅自改装车辆供油系统、临时更换三元催化器或颗粒物捕集器等污染控制装置通过检验、非法刷写重型车 OBD 系统。

⑧不维修直接出具维修合格证。

主要包括未开展维修、伪造维修项目等。

⑨拆除机动车污染控制装置。

主要是拆除、倒卖含有铂、铑、钯等贵金属的三元催化器。

⑩制作或销售检测作弊器。

第二篇

政策法规篇

ZHENGCE FAGUI PIAN

27. 我国机动车排放检验领域第三方机构监督管理的政策法规体系包括哪些内容？

我国机动车排放检验领域第三方机构监督管理的政策法规体系主要包括法律法规和政策管理文件等。其中，法律层面主要包括《中华人民共和国大气污染防治法》《中华人民共和国环境保护法》《中华人民共和国刑法》等法律；法规层面主要包括《中华人民共和国道路运输条例》等和地方人民政府制定的大气污染防治条例、机动车和非道路移动机械排放污染防治条例、机动车排放污染防治条例等地方性法规；政策管理文件主要包括中共中央、国务院和相关部委出台的涉及机动车排放监管的国家政策文件和管理文件。

28.《中华人民共和国大气污染防治法》中涉及机动车排放检验领域第三方机构监督管理的条款有哪些？

第五十三条　在用机动车应当按照国家或者地方的有关规定，由机动车排放检验机构定期对其进行排放检验。经检验合格的，方可上道路行驶。未经检验合格的，公安机关交通管理部门不得核发安全技术检验合格标志。

县级以上地方人民政府生态环境主管部门可以在机动车集中停放地、维修地对在用机动车的大气污染物排放状况进行监督抽测；在不影响正常通行的情况下，可以通过遥感监测等技术手段对在道路上行驶的机动车的大气污染物排放状况进行监督抽测，公安机关交通管理部门予以配合。

第五十四条　机动车排放检验机构应当依法通过计量认证，使用经依法检定合格的机动车排放检验设备，按照国务院生态环境主管部门制定的规范，对机动车进行排放检验，并与生态环境主管部门联网，实现检验数据实时共享。机动车排放检验机构及其负责人对检验数据的真实性和准确性负责。

生态环境主管部门和认证认可监督管理部门应当对机动车排放检验机构的排放检验情况进行监督检查。

第一百一十二条　违反本法规定，伪造机动车、非道路移动机械排放检验结果或者出具虚假排放检验报告的，由县级以上人民政府生态环境主管部门没收违法所得，并处十万元以上五十万元以下的罚款；情节严重的，由负责资质认定的部门取消其检验资格。

违反本法规定，伪造船舶排放检验结果或者出具虚假排放检验报告的，由海事管理机构依法予以处罚。

违反本法规定，以临时更换机动车污染控制装置等弄虚作假的方式通过机动车排放检验或者破坏机动车车载排放诊断系统的，由县级以上人民政府生态环境主管部门责令改正，对机动车所有人处五千元的罚款；对机动车维修单位处每辆机动车五千元的罚款。

29.《中华人民共和国环境保护法》中涉及机动车排放检验领域第三方机构监督管理的条款有哪些？

第六十五条 环境影响评价机构、环境监测机构以及从事环境监测设备和防治污染设施维护、运营的机构，在有关环境服务活动中弄虚作假，对造成的环境污染和生态破坏负有责任的，除依照有关法律法规规定予以处罚外，还应当与造成环境污染和生态破坏的其他责任者承担连带责任。

30.《中华人民共和国刑法》中涉及机动车排放检验机构监督管理的条款有哪些？

第二百二十九条 承担资产评估、验资、验证、会计、审计、法律服务、保荐、安全评价、环境影响评价、环境监测等职责的中介组织的人员故意提供虚假证明文件，情节严重的，处五年以下有期徒刑或者拘役，并处罚金；有下列情形之一的，处五年以上十年以下有期徒刑，并处罚金：

（一）提供与证券发行相关的虚假的资产评估、会计、审计、法律服务、保荐等证明文件，情节特别严重的；

（二）提供与重大资产交易相关的虚假的资产评估、会计、审计等证明文件，情节特别严重的；

（三）在涉及公共安全的重大工程、项目中提供虚假的安全评价、环境影响评价等证明文件，致使公共财产、国家和人民利益遭受特别重大损失的。

有前款行为，同时索取他人财物或者非法收受他人财物构成犯罪的，依照处罚较重的规定定罪处罚。

第一款规定的人员，严重不负责任，出具的证明文件有重大失实，造成严重后果的，处三年以下有期徒刑或者拘役，并处或者单处罚金。

《最高人民法院　最高人民检察院关于办理环境污染刑事案件适用法律若干问题的解释》（法释〔2023〕7号）第十条规定：承担环境影响评价、环境监测、温室气体排放检验检测、排放报告编制或者核查等职责的中介组织的人员故意提供虚假证明文件，具有下列情形之一的，应当认定为刑法第二百二十九条第一款规定的“情节严重”：

（一）违法所得三十万元以上的；

（二）二年内曾因提供虚假证明文件受过二次以上行政处罚，又提供虚假证明文件的；

（三）其他情节严重的情形。

实施前款规定的行为，在涉及公共安全的重大工程、项目中提供虚假的环境影响评价等证明文件，致使公共财产、国家和人民利益遭受特别重大损失的，应当依照刑法第二百二十九条第一款的规定，处五年以上十年以下有期徒刑，并处罚金。

实施前两款规定的行为，同时索取他人财物或者非法收受他人财物构成犯罪的，依照处罚较重的规定定罪处罚。

√ 伪造机动车、非道路移动机械排放检验结果或者出具虚假排放检验报告，属于故意提供虚假证明文件，情节严重的，构成提供虚假证明文件罪。

√ 伪造机动车、非道路移动机械排放检验结果或者出具虚假排放检验报告，严重不负责任，出具的证明文件有重大失实，造成严重后果的，构成出具证明文件重大失实罪。

第二百八十六条　违反国家规定，对计算机信息系统功能进行删除、修改、增加、干扰，造成计算机信息系统不能正常运行，后果严重的，处五年以下有期徒刑或者拘役；后果特别严重的，处五年以上有期徒刑。

违反国家规定，对计算机信息系统中存储、处理或者传输的数据和应用程序进行删除、修改、增加的操作，后果严重的，依照前款的规定处罚。

故意制作、传播计算机病毒等破坏性程序，影响计算机系统正常运行，后果严重的，依照第一款的规定处罚。

单位犯前三款罪的，对单位判处罚金，并对其直接负责的主管人员和其他直接责任人员，依照第一款的规定处罚。

√ 伪造机动车、非道路移动机械排放检验结果或者出具虚假排放检验报告，对计算机信息系统功能进行删除、修改、增加、干扰，造成计算机信息系统不能正常运行，后果严重的，或者对计算机信息系统中存储、处理或者传输的数据和应用程序进行删除、修改、增加的操作，后果严重的，构成破坏计算机信息系统罪。

第三百三十八条 违反国家规定，排放、倾倒或者处置有放射性的废物、含传染病病原体的废物、有毒物质或者其他有害物质，严重污染环境的，处三年以下有期徒刑或者拘役，并处或者单处罚金；情节严重的，处三年以上七年以下有期徒刑，并处罚金；有下列情形之一的，处七年以上有期徒刑，并处罚金：

（一）在饮用水水源保护区、自然保护地核心保护区等依法确定的重点保护区域排放、倾倒、处置有放射性的废物、含传染病病原体的废物、有毒物质，情节特别严重的；

（二）向国家确定的重要江河、湖泊水域排放、倾倒、处置有放射性的废物、含传染病病原体的废物、有毒物质，情节特别严重的；

（三）致使大量永久基本农田基本功能丧失或者遭受永久性破坏的；

（四）致使多人重伤、严重疾病，或者致人严重残疾、死亡的。

有前款行为，同时构成其他犯罪的，依照处罚较重的规定定罪处罚。

《最高人民法院　最高人民检察院关于办理环境污染刑事案件适用法律若干问题的解释》（法释〔2023〕7号）第一条规定，实施刑法第三百三十八条规定的行为，具有下列情形之一的，应当认定为“严重污染环境”：

（一）在饮用水水源保护区、自然保护地核心保护区等依法确定的重点保护区域排放、倾倒、处置有放射性的废物、含传染病病原体的废物、有毒物质的；

（二）非法排放、倾倒、处置危险废物三吨以上的；

（三）排放、倾倒、处置含铅、汞、镉、铬、砷、铊、锑的污染物，超过国家或者地方污染物排放标准三倍以上的；

（四）排放、倾倒、处置含镍、铜、锌、银、钒、锰、钴的污染物，超过国家或者地方污染物排放标准十倍以上的；

（五）通过暗管、渗井、渗坑、裂隙、溶洞、灌注、非紧急情况下开启大气应急排放通道等逃避监管的方式排放、倾倒、处置有放射性的废物、含传染病病原体的废物、有毒物质的；

（六）二年内曾因在重污染天气预警期间，违反国家规定，超标排放二氧化硫、氮氧化物等实行排放总量控制的大气污染物受过二次以上行政处罚，又实施此类行为的；

（七）重点排污单位、实行排污许可重点管理的单位篡改、伪造自动监测数据或者干扰自动监测设施，排放化学需氧量、氨氮、二氧化硫、氮氧化物等污染物的；

（八）二年内曾因违反国家规定，排放、倾倒、处置有放射性的废物、含传染病病原体的废物、有毒物质受过二次以上行政处罚，又实施此类行为的；

（九）违法所得或者致使公私财产损失三十万元以上的；

（十）致使乡镇集中式饮用水水源取水中断十二小时以上的；

（十一）其他严重污染环境的情形。

√ 机动车排放检验机构违法所得或者致使公私财产损失达三十万元以上，将被认定为严重污染环境。

√ 伪造机动车、非道路移动机械排放检验结果或者出具虚假排放检验报告，严重污染环境的，构成污染环境罪。

31.《中华人民共和国道路运输条例》对机动车维修经营者的相关要求有哪些？

第四十三条 机动车维修经营者应当按照国家有关技术规范对机动车进行维修，保证维修质量，不得使用假冒伪劣配件维修机动车。

机动车维修经营者应当公布机动车维修工时定额和收费标准，合理收取费用，维修服务完成后应当提供维修费用明细单。

第四十四条 机动车维修经营者对机动车进行二级维护、总成修理或者整车修理的，应当进行维修质量检验。检验合格的，维修质量检验人员应当签发机动车维修合格证。

机动车维修实行质量保证期制度。质量保证期内因维修质量原因造成机动车无法正常使用的，机动车维修经营者应当无偿返修。

机动车维修质量保证期制度的具体办法，由国务院交通运输主管部门制定。

第四十五条 机动车维修经营者不得承修已报废的机动车，不得擅自改装机动车。

32. 地方出台了哪些法规用于机动车排放检验领域第三方机构的监督管理？

为加强对机动车排放检验领域第三方机构的监管，地方人民政府制定了大气污染防治条例、机动车和非道路移动机械排放污染防治条例、机动车排放污染防治条例等地方性法规，具体见下表，这些法规条例为我国机动车排放检验领域第三方机构的监督管理提供了法规依据。

地方大气污染防治条例汇总

序号	法规名称	省份
1	《北京市大气污染防治条例》	北京
2	《天津市大气污染防治条例》	天津
3	《河北省大气污染防治条例》	河北
4	《山西省大气污染防治条例》	山西
5	《内蒙古自治区大气污染防治条例》	内蒙古

续表

序号	法规名称	省份
6	《辽宁省大气污染防治条例》	辽宁
7	《吉林省大气污染防治条例》	吉林
8	《黑龙江省大气污染防治条例》	黑龙江
9	《上海市大气污染防治条例》	上海
10	《江苏省大气污染防治条例》	江苏
11	《浙江省大气污染防治条例》	浙江
12	《安徽省大气污染防治条例》	安徽
13	《福建省大气污染防治条例》	福建
14	《江西省大气污染防治条例》	江西
15	《山东省大气污染防治条例》	山东
16	《河南省大气污染防治条例》	河南
17	《湖北省大气污染防治条例》	湖北
18	《湖南省大气污染防治条例》	湖南
19	《广东省大气污染防治条例》	广东
20	《广西壮族自治区大气污染防治条例》	广西
21	《海南省大气污染防治条例》	海南
22	《重庆市大气污染防治条例》	重庆
23	《四川省〈中华人民共和国大气污染防治法〉实施办法》	四川
24	《贵州省大气污染防治条例》	贵州
25	《云南省大气污染防治条例》	云南
26	《西藏自治区大气污染防治条例》	西藏
27	《陕西省大气污染防治条例》	陕西
28	《甘肃省大气污染防治条例》	甘肃
29	《青海省大气污染防治条例》	青海
30	《宁夏回族自治区大气污染防治条例》	宁夏
31	《新疆维吾尔自治区大气污染防治条例》	新疆

地方机动车排放污染防治条例及管理办法汇总

序号	法规名称	省份
1	《北京市机动车和非道路移动机械排放污染防治条例》	北京
2	《天津市机动车和非道路移动机械排放污染防治条例》	天津

续表

序号	法规名称	省份
3	《河北省机动车和非道路移动机械排放污染防治条例》	河北
4	《辽宁省机动车污染防治条例》	辽宁
5	《吉林省机动车和非道路移动机械排放污染防治条例》	吉林
6	《江苏省机动车和非道路移动机械排气污染防治条例》	江苏
7	《浙江省机动车排气污染防治条例》	浙江
8	《安徽省机动车排气污染防治办法》	安徽
9	《江西省机动车排气污染防治条例》	江西
10	《山东省机动车排气污染防治条例》	山东
11	《湖南省机动车排气污染防治办法》	湖南
12	《广东省机动车排气污染防治条例》	广东
13	《广西壮族自治区机动车排气污染防治办法》	广西
14	《海南省机动车排气污染防治规定》	海南
15	《重庆市机动车排气污染防治办法》	重庆
16	《四川省机动车和非道路移动机械排气污染防治办法》	四川
17	《宁夏回族自治区机动车和非道路移动机械排放污染防治条例》	宁夏
18	《太原市机动车和非道路移动机械排气污染防治办法》	山西
19	《大庆市机动车和非道路移动机械排气污染防治条例》	黑龙江
20	《合肥市机动车和非道路移动机械排放污染防治条例》	安徽
21	《福州市机动车排气污染防治管理办法》	福建
22	《郑州市机动车和非道路移动机械排放污染防治办法》	河南
23	《武汉市机动车和非道路移动机械排气污染防治条例》	湖北
24	《长沙市机动车和非道路移动机械排放污染防治条例》	湖南
25	《六盘水市机动车和非道路移动机械排气污染防治条例》	贵州
26	《昆明市机动车排气污染防治条例》	云南
27	《西安市机动车和非道路移动机械排气污染防治条例》	陕西
28	《兰州市机动车排气污染防治条例》	甘肃
29	《西宁市机动车和非道路移动机械排气污染防治管理办法》	青海
30	《乌鲁木齐市机动车和非道路移动机械排气污染防治条例》	新疆

33. 近期出台的中共中央有关文件中有哪些涉及机动车排放监管？

（1）《中共中央　国务院关于深入打好污染防治攻坚战的意见》

2021 年 11 月，中共中央、国务院印发《中共中央　国务院关于深入打好污染防治攻坚战的意见》。在“七、提高生态环境治理现代化水平”中的“（三十六）提升生态环境监管执法效能”中，意见明确提出：“全面推行排污许可‘一证式’管理，建立基于排污许可证的排污单位监管执法体系和自行监测监管机制。建立健全以污染源自动监控为主的非现场监管执法体系，强化关键工况参数和用水用电等控制参数自动监测。加强移动源监管能力建设。深入开展生活垃圾焚烧发电行业达标排放专项整治。全面禁止进口‘洋垃圾’。依法严厉打击危险废物非法转移、倾倒、处置等环境违法犯罪，严肃查处环评、监测等领域弄虚作假行为。”

（2）《中共中央　国务院关于全面推进美丽中国建设的意见》

2023 年 12 月，中共中央、国务院印发《中共中央　国务院关于全面推进美丽中国建设的意见》。在“四、持续深入推进污染防治攻坚”中的“（五）持续深入打好蓝天保卫战”中，意见提出：“以京津冀及周边、长三角、汾渭平原等重点区域为主战场，以细颗粒物控制为主线，大力推进多污染物协同减排。强化挥发性有机物综合治理，实施源头替代工程。高质量推进钢铁、水泥、焦化等重点行业及燃煤锅炉超低排放改造。因地制宜采取清洁能源、集中供热替代等措施，继续推进散煤、燃煤锅炉、工业炉窑污染治理。重点区域持续实施煤炭消费总量控制。研究制定下一阶段机动车排放标准，开展新阶段油品质量标准研究，强化部门联合监管执法。加强区域联防联控，深化重污染天气重点行业绩效分级。持续实施噪声污染防治行动。着力解决恶臭、餐饮油烟等污染问题。加强消耗臭氧层物质和氢氟碳化物环境管理。到 2027 年，全国细颗粒物平均浓度下降到 28 微克 / 立方米以下，各地级及以上城市力争达标；到 2035 年，全国细颗粒物浓度下降到 25 微克 / 立方米以下，实现空气常新、蓝天常在。”

34. 近期出台的国务院有关文件中有哪些涉及机动车排放监管？

（1）《空气质量持续改善行动计划》（国发〔2023〕24号）

2023年11月，国务院印发《空气质量持续改善行动计划》（国发〔2023〕24号）。在“四、优化交通结构，大力发展绿色运输体系”中的“（十五）加快提升机动车清洁化水平”中，行动计划提出：“强化新生产货车监督抽查，实现系族全覆盖。加强重型货车路检路查和入户检查。全面实施汽车排放检验与维护制度和机动车排放召回制度，强化对年检机构的监管执法。鼓励重点区域城市开展燃油蒸发排放控制检测。”

（2）《“十四五”节能减排综合工作方案》（国发〔2021〕33号）

2021年12月，国务院印发《“十四五”节能减排综合工作方案》（国发〔2021〕33号）。在“三、实施节能减排重点工程”中的“（四）交通物流节能减排工程”中，方案提出：“全面实施汽车国六排放标准和非道路移动柴油机械国四排放标准，基本淘汰国三及以下排放标准汽车。深入实施清洁柴油机行动，鼓励重型柴油货车更新替代。实施汽车排放检验与维护制度，加强机动车排放召回管理。加强船舶清洁能源动力推广应用，推动船舶岸电受电设施改造。”

35. 生态环境部等部委有哪些文件涉及机动车排放监管？

生态环境部等部委涉及机动车排放监管的文件如下表所示。

序号	文件名称	发布部门	发布时间
1	《深入打好重污染天气消除、臭氧污染防治和柴油货车污染治理攻坚战行动方案》（环大气〔2022〕68号）	生态环境部、国家发展和改革委员会、科学技术部、工业和信息化部、公安部、财政部、住房和城乡建设部、交通运输部、农业农村部、商务部、海关总署、国家市场监督管理总局、中国气象局、国家能源局、中国民用航空局	2022年11月10日
2	《检验检测领域综合治理行动方案》（国市监检测发〔2024〕80号）	国家市场监督管理总局、公安部、生态环境部、住房和城乡建设部、交通运输部	2024年8月13日

续表

序号	文件名称	发布部门	发布时间
3	《关于建立实施汽车排放检验与维护制度的通知》（环大气〔2020〕31号）	生态环境部、交通运输部、国家市场监督管理总局	2020年6月19日
4	《关于进一步规范排放检验加强机动车环境监督管理工作的通知》（国环规大气〔2016〕2号）	环境保护部、公安部、国家认证认可监督管理委员会	2016年7月21日
5	《机动车维修管理规定》（交通运输部令　2023年第14号）	交通运输部	2023年11月10日
6	《检验检测机构资质认定管理办法（修正案）》（国家质量监督检验检疫总局令　第163号）	国家质量监督检验检疫总局	2021年3月25日
7	《检验检测机构监督管理办法》（国家市场监督管理总局令　第39号）	国家市场监督管理总局	2021年4月8日
8	《检验检测机构资质认定评审准则》（市场监管总局公告　2023年第21号）	国家市场监督管理总局	2023年5月30日
9	《机动车检验机构资质认定评审补充技术要求》（市监检测函〔2022〕111号）	国家市场监督管理总局办公厅	2022年12月29日

第二篇

标准规范篇

BIAOZHUN GUIFAN PIAN

第一章　在用汽油车排放标准介绍

36. 在用汽油车排放标准是指哪个标准?

在用汽油车排放标准是指《汽油车污染物排放限值及测量方法（双怠速法及简易工况法）》（GB 18285—2018）。按照《关于建立实施汽车排放检验与维护制度的通知》（环大气〔2020〕31 号）的要求，将《汽油车污染物排放限值及测量方法（双怠速法及简易工况法）》（GB 18285—2018）作为在用汽油车的检验标准。

《汽油车污染物排放限值及测量方法（双怠速法及简易工况法）》（GB 18285—2018）规定了汽油车双怠速法、稳态工况法、瞬态工况法和简易瞬态工况法排气污染物排放限值及测量方法。本标准同时规定了汽油车外观检验、OBD 检查、燃油蒸发排放控制系统监测的方法和判定依据。

《汽油车污染物排放限值及测量方法（双怠速法及简易工况法）》（GB 18285—2018）适用于新生产汽车下线检验、注册登记检验和在用汽车检验，也适用于其他装用点燃式发动机的汽车。

37. 在用汽油车排放标准规定的检验项目有哪些?

在用汽油车排放标准适用于汽车在生产线合格下线前的排放检验、汽油车注册登记及定期排放检验等环节，主要检验项目有汽油车外观检验、OBD 检查、排气污染物检测和燃油蒸发检测。对符合免检规定的车辆可按免检规定进行。

在用汽油车排放标准规定的检验项目见下表。

在用汽油车排放标准检验项目

检验项目	新生产汽车下线	进口车入境	注册登记[a]	在用汽车[a]
外观检验	进行	进行	进行	进行[b]
OBD 检查	进行	进行	进行	进行[c]
排气污染物检测	抽测[d]	抽测[d]	进行	进行[e]

续表

检验项目	新生产汽车下线	进口车入境	注册登记[a]	在用汽车[a]
燃油蒸发检测	不进行	不进行	按有关规定	按有关规定

注：a. 符合免检规定的车辆，按照免检相关规定进行。
b. 查验污染控制装置是否完好。
c. 适用于装有 OBD 的车辆。
d. 混合动力汽车的污染物排放抽测应在最大燃料消耗模式下进行。
e. 变更登记、转移登记检验按有关规定进行

38. 在用汽油车的环保检验流程是什么？

在用汽油车的环保检验按照下图所示流程开展。与在用柴油车环保检验流程相比，在用汽油车增加了燃油蒸发检测的相关要求。也就是说，燃油蒸发检测仅用于在用汽油车的环保检验，在用柴油车无须进行相关检测。

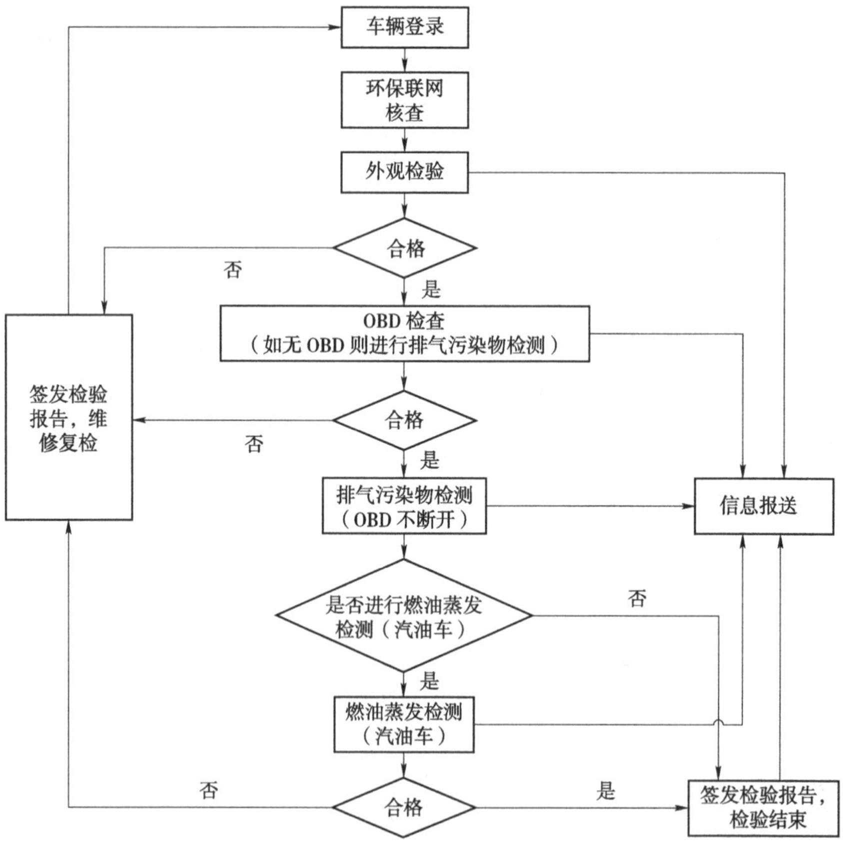

39. 在用汽油车排放检验的测试方法包括哪些？

《汽油车污染物排放限值及测量方法（双怠速法及简易工况法）》（GB 18285—2018）规定的在用汽油车污染物排放检验方法主要包括双怠速法、稳态工况法、瞬态工况法和简易瞬态工况法 4 种，其中后 3 种方法统称为简易工况法。

40. 什么是双怠速法？

双怠速法是对未进行加载的车辆，在怠速和高怠速工况下分别测量汽车排气污染物浓度的一种简易的尾气检测方法。该方法主要用于因特殊情况无法手动切换两驱驱动模式的全时四驱和适时四驱等车辆。

使用双怠速法对在用汽油车进行排放检测时，发动机冷却液或润滑油温度应不低于 80℃，或者达到汽车使用说明书规定的热状态。发动机从怠速状态加速至 70% 额定转速或企业规定的暖机转速，运转 30 s 后降至高怠速状态，将双怠速法排放测试仪取样探头插入排气管中，深度不少于 400 mm，并固定在排气管上。维持 15 s 后，由具有平均值计算功能的双怠速法排放测试仪读取 30 s 内的平均值，该值即为高怠速污染物测量结果，同时计算过量空气系数（λ）的数值。发动机从高怠速降至怠速状态 15 s 后，由具有平均值计算功能的双怠速法排放测试仪读取 30 s 内的平均值，该值即为怠速污染物测量结果。

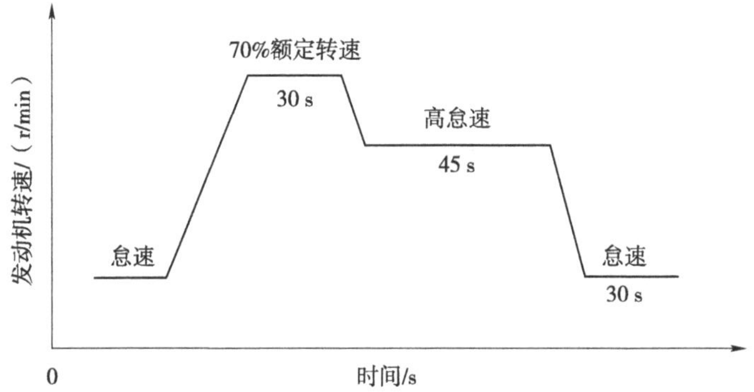

41. 什么是工况法？

工况法就是利用底盘测功机模拟车辆在道路上实际运行时的加载和工况，同时进行排气污染物检测，因此检测获取的数据相较于双怠速法更为接近车辆的实际排放情况。目前，汽油车简易工况法主要分为稳态工况法、瞬态工况法和简易瞬态工况法。

42. 稳态工况法怎么做？

稳态工况法是车辆在底盘测功机上进行稳态工况下的测试，测试循环为两组不同加载功率和速度的匀速工况，分别为ASM5025工况和ASM2540工况，如下图所示。ASM5025工况即预热后的车辆在底盘测功机上以25 km/h的速度稳定运行，ASM2540工况即预热后的车辆在底盘测功机上以40 km/h的速度稳定运行。两种工况下，需分别按照《汽油车污染物排放限值及测量方法（双怠速法及简易工况法）》（GB 18285—2018）附录B规定的试验程序进行测试。

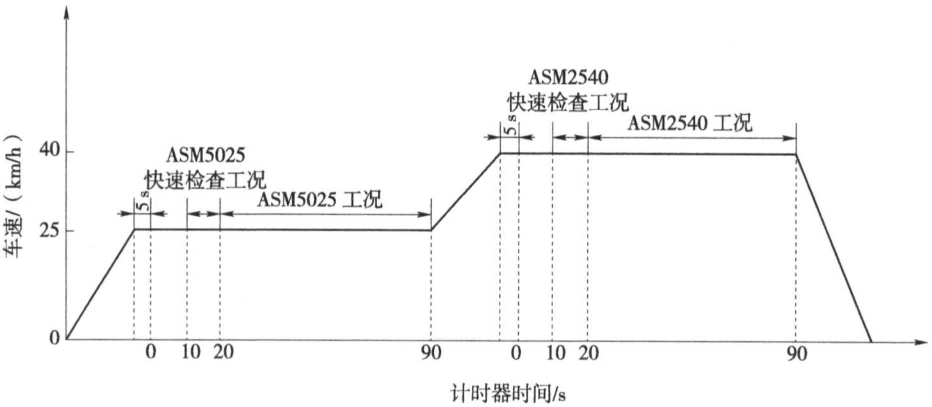

43. 瞬态工况法怎么做？

瞬态工况法和简易瞬态工况法由新车排放标准中的测试工况简化而来，两种方法使用的是相同的测试循环。瞬态工况法适用的设备相对简易瞬态工况法的设备功能和精度更高，价格昂贵，因此瞬态工况法主要在汽车生产企业下线检验时使用，在用车定期检验中主要使用简易瞬态工况法。

车辆在底盘测功机上时，应确保车辆横向稳定，驱动轮胎应干燥防滑。按照《汽油车污染物排放限值及测量方法（双怠速法及简易工况法）》（GB 18285—2018）附录C规定的瞬态循环进行瞬态工况法测试，测试循环时间持续195 s。在整个测试循环中，排放测量系统应能够逐秒测量并记录稀释排气中的 HC、CO、CO_2 和 NO_x 浓度，测试结束后按照标准规定进行污染物排放量的计算并记录。

44. 简易瞬态工况法怎么做？

车辆在底盘测功机上进行简易瞬态工况法测试，分为怠速、加速、减速、等速等几个阶段，整个测试循环时间约为 195 s，具体测试循环按照《汽油车污染物排放限值及测量方法（双怠速法及简易工况法）》（GB 18285—2018）附录 D 的规定进行。在整个测试循环中，排放测量系统应能够逐秒测量并记录稀释排气中的 HC、CO、CO_2 和 NO_x 浓度，测试结束后进行污染物排放量的计算并记录。

45. 在用汽油车排放检验测试方法的排放限值分别是什么？

双怠速法、稳态工况法、瞬态工况法和简易瞬态工况法排气污染物排放限值分别见以下表格。

双怠速法排气污染物排放限值

类别	怠速		高怠速	
	CO/%	HC①/10^{-6}	CO/%	HC①/10^{-6}
限值 a	0.6	80	0.3	50
限值 b	0.4	40	0.3	30
注：①对于以天然气为燃料的点燃式发动机汽车，该项目为推荐性要求				

双怠速法排放检验的同时，应进行 λ 的测定。发动机在高怠速转速工况时，λ 应为 1.00 ± 0.05，或者在制造厂规定的范围内。

稳态工况法排气污染物排放限值

类别	ASM5025			ASM2540		
	CO/%	HC①/10^{-6}	NO/10^{-6}	CO/%	HC①/10^{-6}	NO/10^{-6}
限值 a	0.50	90	700	0.40	80	650
限值 b	0.35	47	420	0.30	44	390
注：①对于以天然气为燃料的点燃式发动机汽车，该项目为推荐性要求						

稳态工况法应同时进行 λ 的测定。

瞬态工况法排气污染物排放限值

类别	CO/（g/km）	$HC+NO_x$/（g/km）
限值 a	3.5	1.5
限值 b	2.8	1.2

瞬态工况法应同时进行 λ 的测定。

简易瞬态工况法排气污染物排放限值

类别	CO/（g/km）	HC①/（g/km）	NO_x/（g/km）
限值 a	8.0	1.6	1.3
限值 b	5.0	1.0	0.7
注：①对于以天然气为燃料的点燃式发动机汽车，该项目为推荐性要求			

简易瞬态工况法应同时进行 λ 的测定。

46. 在用汽油车排放检验测试方法的排放限值设置有何特点？

《汽油车污染物排放限值及测量方法（双怠速法及简易工况法）》（GB 18285—2018）规定的各种测试方法均规定了限值 a 和限值 b 两个排放限值。其中，限值 a 是为防治在用汽油车排气污染，促进在用汽油车强制维护保养而制定的排气污染物排放限值。在用汽油车排气污染物检测应符合限值 a 的要求。对于汽车保有量达到 500 万辆以上，或机动车排放污染物为当地首要空气污染源，或按照法律法规设置低排放控制区的城市，在充分征求社会各方面意见的基础上，经省级人民政府批准和国务院生态环境主管部门备案后，可选用限值 b，但应设置足够的实施过渡期。

47. 在用汽油车环保定期检验应采用哪种检测方法？

在用汽油车环保定期检验应采用简易工况法（包括稳态工况法、瞬态工况法和简易瞬态工况法 3 种），对无法使用简易工况法的车辆（无法手动切换两驱驱动模式的全时四驱和适时四驱等），可采用双怠速法进行检验。

48. 燃油蒸发排放控制系统检验包括哪些内容？

燃油蒸发排放控制系统检验包括外观检查、加油口压力测试及油箱盖测试。对于无油箱盖设计车辆可不进行油箱盖测试。

49. 燃油蒸发排放控制系统外观检查包括哪些内容？

燃油蒸发排放控制系统外观检查主要包括活性炭罐、燃油蒸发控制系统、油箱盖等检查。

50. 燃油蒸发排放控制系统外观检查不合格的情况包括哪些？

①活性炭罐。应当对活性炭罐进行外观检查，活性炭罐应当有效可用，如果活性炭罐缺失或者明显损坏，则判断外观检查不合格。

②燃油蒸发控制系统。应当对燃油蒸发控制系统软管的路线、连接、状态进行外观检查，连接软管应当有效可用。如果任意一部分软管的路线、连接是错误的，或者任意一部分软管是损坏的，则判断外观检查不合格。

③油箱盖。如果油箱盖缺失、有明显缺陷或者没有使用正确的油箱盖，则判断外观检查不合格。本应安装螺纹式油箱盖却安装了凸轮锁紧式油箱盖的情况属于没有使用正确的油箱盖。

51. 在开展燃油蒸发排放控制系统加油口压力测试时需要注意什么？

加油口压力测试应在排气污染物检测之后进行。在不损坏燃油蒸发排放控制系统部件的前提下，应在离活性炭罐尽可能近的地方夹死连接燃油箱与活性炭罐的通气管，或采用其他方法保证燃油箱与环境空气密闭。对有两个油箱的汽车，如果仅从一个油箱的加油管加压，不足以使整个蒸发控制系统都达到所要求的压力，则这两个油箱应当单独进行测试。测试时应当选用合适的连接器。

52. 燃油蒸发排放控制系统加油口压力测试不合格的情况包括哪些？

在压力损失测试之前，应当对压力稳定性进行 10 s 的监测。当初始压力为（3 500 ± 250）Pa 时，在 10 s 的监测期内，压力损失不应超过 1 250 Pa。如果超过这个值，应当再尝试 2 次以达到稳定。如果仍不能达到稳定，说明燃油泄漏量加大，则可以判定压力测试不合格。此外，燃油蒸发排放控制系统将初始压力稳定在（3 500 ± 250）Pa，保持 120 s，如果压力损失超过 1 500 Pa，则测试结果不合格。

53. 在开展燃油蒸发排放控制系统油箱盖测试时需要注意什么？

油箱盖测试可以在排气污染物检测之前或者之后进行。可采用压力损失测试或泄漏流量测试两种测试方法。如果某一测试方法与上述测试方法等价或者更好，也可采用。

54. 燃油蒸发排放控制系统油箱盖测试不合格的情况包括哪些？

当采用压力损失测试时，燃油液面顶部应有 1 L 的空间，启动时的压力规定为（7 000 ± 250）Pa，如果在 10 s 的测试过程中，压力损失超过 1 500 Pa，则油箱盖测试不合格。当采用泄漏流量测试时，在压力为 7 500 Pa 的条件下，泄漏流量不应超过 60 mL/min，用流量方法测得的泄漏速率应当换算为标准状态（23℃，101.35 kPa）下的泄漏速率。如果在 7 500 Pa 的条件下，该泄漏速率超过 60 mL/min，则油箱盖测试不合格。

55. 汽油车排放检验不合格的情况包括哪些？

①如果检测结果中任何一项污染物不满足限值要求，则判定车辆排放检验不合格。

②如果双怠速法 λ 超出标准要求的控制范围，则判定车辆排放检验结果不合格。

③ 2011 年 7 月 1 日以后生产的轻型汽车，以及 2013 年 7 月 1 日以后生产的重型汽车，如果 OBD 检查不合格，则判定排放检验结果不合格。

第二章　在用柴油车排放标准介绍

56. 在用柴油车排放标准是指哪个标准？

在用柴油车排放标准是指《柴油车污染物排放限值及测量方法（自由加速法及加载减速法）》（GB 3847—2018）。

按照《关于建立实施汽车排放检验与维护制度的通知》（环大气〔2020〕31 号）的要求，将《柴油车污染物排放限值及测量方法（自由加速法及加载减速法）》（GB 3847—2018）作为在用柴油车的检验标准。

《柴油车污染物排放限值及测量方法（自由加速法及加载减速法）》（GB 3847—2018）规定了柴油车自由加速法和加载减速法排气污染物排放限值及测量方法，以及柴油车外观检验、OBD 检查的方法和判定依据。

《柴油车污染物排放限值及测量方法（自由加速法及加载减速法）》（GB 3847—2018）适用于新生产柴油汽车下线检验、注册登记检验和在用汽车检验，也适用于其他装用压燃式发动机的汽车，但不适用于低速货车和三轮汽车。

57. 在用柴油车排放标准规定的检验项目有哪些？

在用柴油车排放标准适用于柴油车在生产线合格下线前的排放检验、柴油车注册登记及定期排放检验等环节，主要检验项目有柴油车外观检验、OBD 检查、排气污染物检测。其中，柴油车注册登记及定期排放检验为车主应进行的事项，对符合免检规定的车辆可按免检规定进行。在用柴油车排放标准规定的检验项目见下表。

在用柴油车排放标准检验项目

检验项目	新生产汽车下线	进口车入境	注册登记①	在用汽车①
外观检验	进行	进行	进行	进行②
OBD 检查	进行	进行	进行	进行③

续表

检验项目	新生产汽车下线	进口车入境	注册登记①	在用汽车①
排气污染物检测	抽测④	抽测④	进行	进行⑤

注：①符合免检规定的车辆，按照免检相关规定进行。
②查验污染控制装置是否完好。
③适用于装有 OBD 的车辆。
④混合动力汽车的排气污染物抽测应在最大燃料消耗模式下进行。
⑤变更登记、转移登记检验按有关规定进行

58. 在用柴油车排放检验的测试方法包括哪些？

在用柴油车排放检验方法主要包括自由加速法和加载减速法两种。自由加速法控制的污染物项目是烟度，加载减速法控制的污染物项目是烟度和氮氧化物。烟度可通过光吸收系数和林格曼黑度两种方法评价。

59. 什么是自由加速法？

自由加速法烟度检测主要模拟驾驶员在急加速过程中的车辆排放性能。柴油车加速过程中，通常涡轮增压器相应滞后，空气量的增加速度小于燃油增加速度，空燃比下降，混合气混合、雾化和燃烧恶化，导致加速过程中排气烟度增加。自由加速工况下的排气烟度是柴油机工作过程中可见的最大烟度，特别是增压发动机，因此，自由加速法在一定程度上能反映出柴油机混合气的形成和燃烧情况，被世界各国广泛用于在用柴油车的烟度检测。

该方法使用不透光烟度计对整车进行检测。在检测开始前，车辆应充分预热，在每个自由加速循环的开始点发动机（包括废气涡轮增压发动机）均处于怠速状态。对于重型车用发动机，将油门踏板放开后至少等待 10 s。在进行自由加速测量时，必须在 1 s 的时间内，将油门踏板连续完全踩到底，使供油系统在短时间内达到最大供油量。自由加速测量时，在松开油门踏板前，发动机应达到额定功率。在测量过程中应监测发动机转速检查是否符合试验要求（特殊无法测得发动机转速的车辆除外），并将发动机转速数据实时记录并上报。检测过程应重复进行 3 次自由加速过程，烟度计应记录每次自由加速过程的最大值，并将上述 3 次自由加速烟度最大值的算术平均值作为测量结果。

60. 自由加速法试验条件的具体要求有哪些?

①试验应针对整车进行。

②试验前车辆发动机不应停机，或长时间怠速运转。

③不透光烟度计及其安装应符合标准要求。

④试验应采用符合国家标准的车用燃料。可以直接使用车辆油箱中的燃料进行测试。

61. 自由加速法车辆准备的具体要求有哪些?

①车辆的各种附加装置应关闭。

②发动机应充分预热。一般情况下，在发动机机油标尺孔位置测得的机油温度至少为 80℃。当由于车辆结构限制无法进行发动机机油温度测量时，可以通过其他方法判断发动机温度是否处于正常运转温度范围内。

③在正式进行排放测量前，应采用 3 次自由加速过程或其他等效方法吹拂排气系统，以清扫排气系统中的残留污染物。

62. 什么是加载减速法?

加载减速法（LugDown 法）是针对柴油货车行驶状态设计的一种排气检测方法。柴油车以货车为主，往往满载甚至违法超载运行，此时柴油车的功率输出达到极限状态，排放更为恶劣。加载减速法通过底盘测功机加载模拟车辆在道路上的高负荷运行工况，评估柴油车实际运行时的排放情况。

测量时，将处于正常状态的车辆放置在底盘测功机转鼓上，通过底盘测功机加载模拟车辆在道路上的高负荷运行工况，测量车辆的最大轮边功率，并将车辆稳定在最大轮边功率对应的转鼓表面线速度（VelMaxHP）值的 100% 和 80% 两个工况点，测量其排气光吸收系数（k）、NO_x 的值。将不同工况点的测量结果与排放限值进行比较。若测得的 k 或 NO_x 超过标准规定的限值，则判断该车的排放不合格。

63. 加载减速法测试对车辆预检的要求包括哪些?

加载减速法测试对车辆的预检分为车辆身份确认和安全检查两部分。预检不合格的车辆不允许进行测试。

车辆身份确认要求检测员仔细检查车辆，确认车辆与车辆行驶证是否相符。若车辆身份无法确认，不允许参加测试。

安全检查的目的是评估车辆是否适合进行加载减速测试，检测员应彻底检查车辆的状况，如果出现下列情况或缺陷，均不能进行检测：

①仪表（下列仪表无法正常工作）：里程表失灵；机油压力偏低；冷却液温度表失灵；空气制动阀压力偏低。

②车辆制动失灵。

③机动车车身和结构：驾驶员无法在短时间内打开车门；车身的任何部分与车轮或传动轴相接触；在加载和卸载时，车身部件有可能损坏检测设备。

④发动机系统：无法加满冷却液，冷却系统严重泄漏；散热器管路有裂缝；冷却风扇损坏或无法正常工作；冷却风扇皮带损坏；发动机机油量不足；发动机工作过程中，机油严重泄漏；机油泄漏到排气系统上；涡轮增压器的润滑油泄漏；发动机空气滤清器丢失或损坏，或中冷器严重堵塞；真空管破坏；供油系统（高压油泵或喷油器）故障；调速器工作不正常；怠速时排气管排放明显白烟或蓝烟；燃油液位偏低；发动机进排气管松脱；发动机排气系统严重泄漏；发动机有异响。

⑤变速器：变速器油严重泄漏；变速器存在异响。

⑥驱动轴和轮胎：固定螺钉松动或丢失；轮胎损坏；轮胎橡胶磨损超过厂商设定的警告线；轮胎在行驶中不正常膨胀，或轮胎等级低于 70 km/h；使用了不符合尺寸的轮胎；轮胎有径向或横向裂纹；轮胎间夹杂其他物体。

64. 加载减速法车辆准备的具体要求有哪些？

①对车辆及发动机的要求。

试验前应对车辆的技术状况进行检查，以确定待检车辆是否能够进行后续的排放检测。待检车辆放在底盘测功机上，按照规定的加载减速检测程序，检测最大轮边功率和相对应的发动机转速和 VelMaxHP，并检测 VelMaxHP 点和 80%VelMaxHP 点的 k 值及 80%VelMaxHP 点的 NO_x 排放。k 检测应采用分流式不透光烟度计。加载减速过程中经修正的轮边功率测量结果不得低于制造厂规定的发动机额定功率的 40%，否则判定为检验不合格。

②试验用燃料要求。

被测试车辆应采用符合国家标准的市售车用柴油，实际测试时，不应更换油箱中的燃料。

③车辆预检要求。

在对车辆进行预检时，如果发现受检车辆的车况太差，不适合进行加载减速法检测，应对车辆进行维修后再进行检测。对紧密型多驱动轴车辆，或全时四轮驱动车辆等不能按加载减速法进行试验的车辆可按自由加速法进行检测，其他装用压燃式发动机的在用汽车应按加载减速法进行排放检测。检测过程中如果发动机出现故障导致检测工作中止，必须待排除故障后重新进行排放检测。

65. 加载减速法的排放检测由几部分构成？

加载减速法的排放检测由 3 部分组成：第一部分是对车辆进行预先检查，以检查受检车辆身份与车辆行驶证是否一致，以及进行排放检测的安全性检查；第二部分是检查检测系统和车辆状况是否适合进行检测；第三部分则是进行排放检测，由主控计算机系统控制自动进行排放检测，以保证检测过程的一致性和检测结果的可靠性。

66. 加载减速法每条检测线应至少设置几个岗位？

加载减速法每条检测线应至少设置 3 个岗位，一是计算机操作岗位，二是受检车辆驾驶员岗位，三是辅助检查岗位。各岗位人员均应随时注意受检车辆在检测过程中是否出现异常情况。

67. 加载减速法预先检查阶段，在将车辆驾驶到底盘测功机前，检测员应对受检车辆进行哪些调整？

①中断车上所有主动型制动功能和扭矩控制功能（自动缓速器除外）。对无法中断车上主动型制动功能和扭矩控制功能的车辆，可采用自由加速法进行排放检测。

②关闭车上所有以发动机为动力的附加设备，如空调系统，并切断其动力传

递机构（如果适用）。

③除检测驾驶员外，受检车辆不能载客，也不能装载货物，不得有附加的动力装置。必要时，可以用测试驱动桥质量的方法来判断底盘测功机是否能够承受待检车辆驱动桥的质量。

68. 如果待检车辆通过预检程序，检测员应如何规范地将待检车辆驾驶到底盘测功机上？

①举起测功机升降板，并检查是否已将转鼓牢固锁好。

②小心将车辆驾驶到底盘测功机上，并将驱动轮置于转鼓中央位置。值得注意的是，除测功机允许双向操作外，一定要按测功机的规定方向驶入，否则有可能损坏底盘测功机，当驱动轮位于转鼓鼓面上时，严禁使用倒挡。

③放下测功机升降板，松开转鼓制动器。待完全放下升降板后，缓慢驾驶使受检车辆的车轮与试验转鼓完全吻合。

④轻踩制动踏板使车轮停止转动，发动机熄火。

⑤按照测功机设备商的建议将受检车辆的非驱动轮楔住，固定车辆安全限位装置。对于前轮驱动的车辆，应有防侧滑措施。

⑥应为受检车辆配备辅助冷却风扇，掀开机动车的动力舱盖板，保证冷却空气流通顺畅，以防止发动机过热。

69. 加载减速法试验准备的具体要求有哪些？

①安装好发动机转速传感器，测量发动机曲轴转速。

②选择合适的挡位，使油门踏板在最大位置时，受检车辆的最高车速接近70 km/h。

③由主控计算机判断测功机是否能够吸收受检车辆的最大功率，如果车辆的最大功率超过测功机的功率吸收范围，不能在该测功机上进行加载减速检测。

70. 加载减速法排气试验前的检查和准备工作包括哪些？

①在开始检测以前，检测员应检查试验通信系统工作是否正常。

②在车辆散热器前方 1 m 左右处放置强制冷却风机，以保证车辆在检测过程

中发动机冷却系统能有效地工作。

③除检测员外，在检测过程中，其他人员不得在测试现场逗留。车辆安置到位将测功机升降板放下后应对车辆进行低速运行检测，确保车辆运行处于稳定状态。

④发动机应充分预热，例如，在发动机机油标尺孔位置测得的机油温度应至少为 80℃。因车辆结构无法进行温度测量时，可以通过其他方法使发动机达到正常运转温度。若传动系统处于冷车状态，应在测功机无加载状态下低中速运行车辆，使车辆的传动部件达到正常工作温度。

⑤发动机熄火，变速器置空挡，将不透光烟度计的采样探头置于大气中，检查不透光烟度计的零刻度和满刻度。检查完毕后，将采样探头插入受检车辆的排气管中，注意连接好不透光烟度计，采样探头的插入深度不得低于 400 mm。不应使用尺寸过大的采样探头，以免对受检车辆的排气背压影响过大，影响输出功率。在检测过程中，应将采样气体的温度和压力控制在规定的范围内，必要时可对采样管进行适当冷却，但要注意不能使测量室内出现冷凝现象。

71. 待检车辆完成加载减速法检测后，检测员应如何规范地将待检车辆驶离底盘测功机？

①从受检车辆上拆下所有测试和保护装置。

②将动力仓盖板复位。

③举起测功机升降板，锁住转鼓。

④去掉车轮挡块，确认受检车辆及其行驶路线周围没有障碍物或无关人员。

⑤车辆驾驶员在得到明确的驶离指令后，方可将受检车辆驶离底盘测功机，并停放到指定地点。

72. 轻型车排放试验的底盘测功机应符合哪些技术要求？

轻型车排放试验的底盘测功机应能测试最大单轴质量不大于 2 000 kg 的车辆。功率吸收单元（PAU）的功率吸收范围应保证最大总质量为 3 500 kg 的汽车能够完成加载减速试验。在测试车速大于或等于 70 km/h 时，能够连续稳定地吸收 56 kW 的功率 5 min 以上，在时间间隔不大于 3 min 的情况下，能够连续完成

10 次以上对 56 kW 的功率吸收。

73. 重型车排放试验的底盘测功机应符合哪些技术要求?

重型车试验的底盘测功机，应能测试最大单轴质量不大于 8 000 kg 或最大总质量不超过 14 000 kg 的车辆。PAU 的功率吸收范围应保证最大总质量不超过 14 000 kg 的重型车能够完成加载减速试验。在测试车速大于或等于 70 km/h 时，能够稳定吸收至少 120 kW 的功率连续 5 min 以上，在时间间隔不大于 3 min 的情况下，能够连续完成 10 次以上对 120 kW 的功率吸收。

用于检测最大单轴质量为 11 000 kg 车辆的底盘测功机，应能满足单轴驱动或轴距在 1.17～1.52 m 的多轴驱动车辆的测试。在任何轴距设置条件下，滚筒中心距公差不得超过 1.3 cm。对于多轴驱动车辆，对应前后两轴的滚筒转速应匹配，或在所有速度范围内最大速度偏差不超过 1.6 km/h。如果前后两套滚筒的速度不匹配，检测软件应能提供两套不同的基准惯量和内部摩擦损失。制造厂可以配备更大的基准惯量，但必须在技术规格上描述清楚。所有滚筒直径应相等，尺寸符合标准规定要求。

74. 在用柴油车排放检验测试方法的排放限值分别是什么?

在用柴油车各种排放检验测试方法的排放限值见下表。

在用柴油车排放限值

类别	自由加速法	加载减速法		林格曼黑度法
	光吸收系数 /m^{-1}（或不透光度 /%）	光吸收系数 /m^{-1}（或不透光度 /%）①	氮氧化物② / $\times 10^{-6}$	林格曼黑度（级）
限值 a	1.2（40）	1.2（40）	1 500	1
限值 b	0.7（26）	0.7（26）	900	

注：①海拔高于 1 500 m 的地区加载减速法可以按照每增加 1 000 m 增加 0.25 m^{-1} 的幅度调整，总调整不得超过 0.75 m^{-1}。

② 2020 年 7 月 1 日前限值 b 过渡限值为 1 200 $\times 10^{-6}$

75. 什么是遥感检测法?

遥感检测法是利用设备光源系统发出一束光，穿透尾气烟羽，照射到另一侧的反射镜上，光束反射回接收器。检测器根据反射回来的光强，可以计算出各种污染物与二氧化碳的相对比例，进而计算出各污染物的排放浓度。遥感检测法可测量一氧化碳、一氧化氮、碳氢化合物等。

遥感检测法可以识别出由于尾气后处理装置失效或故障引起的高排放问题，是一种对现有的汽车尾气年检提供有益的支持和补充的检测方式，也能够支撑生态环境主管部门开展路检路查工作。世界上有很多国家和地区利用遥感检测法对高排放车辆进行识别，我国也不例外。根据《柴油车污染物排放限值及测量方法（自由加速法及加载减速法）》（GB 3847—2018）的规定，县级以上生态环境主管部门对道路上行驶的在用柴油车的监督抽测，可按照《在用柴油车排气污染物测量方法及技术要求（遥感检测法）》（HJ 845—2017）规定的方法和限值进行。

76. 什么是林格曼黑度法?

林格曼黑度法是路检路查时常用的一种检查方法，就是用视觉方法对烟气黑度进行评价。烟气黑度共分为 6 级，分别是 0 级、1 级、2 级、3 级、4 级、5 级，5 级为污染最严重的级别。常用的设备有林格曼烟气黑度图等。检测时操作人员按照自由加速法，在车辆未熄火、空挡、拉紧手刹的情况下，在 1 s 的时间内，将油门踏板连续快速踩到底，使供油系统在最短时间内达到最大供油量。观测人员把林格曼烟气黑度图放在适当的位置，将柴油车排气的烟度与图上的黑度进行比较，确定柴油车排气烟羽的高度。

标准的林格曼烟气黑度图由 5 张不同黑度的图片组成，可以通过在白色背景上确定宽度的黑色线条和间隔的矩形网格来准确印制。每张图片中，网格的大小是 14 cm × 21 cm，每个小格长 10 mm、宽 10 mm。每张图片上的网格由 294 个小格组成。林格曼黑度是根据黑色线条占整块面积的百分数来确定的。林格曼烟气黑度示意图见下图。

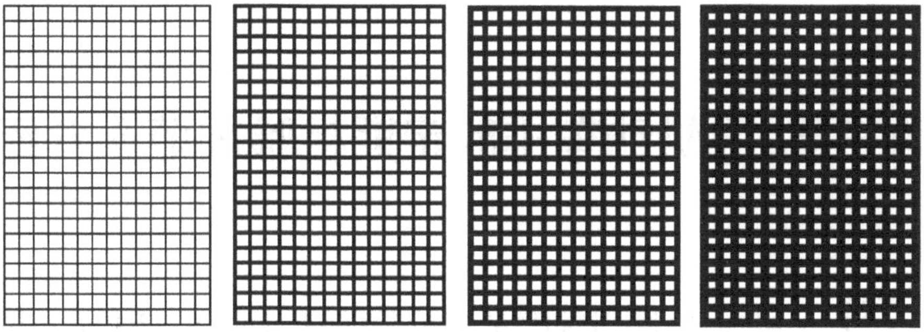

林格曼 1 级（黑色线条面积占总面积的 20%）　林格曼 2 级（黑色线条面积占总面积的 40%）　林格曼 3 级（黑色线条面积占总面积的 60%）　林格曼 4 级（黑色线条面积占总面积的 80%）

77. 在用柴油车环保定期检验应采用哪种排气污染物检测方法?

在用柴油车环保定期检验应采用加载减速法，对无法使用加载减速法的车辆（无法手动切换两驱驱动模式的全时四驱和适时四驱等车辆），可采用自由加速法进行检验。

78. 柴油车排放检验不合格的情况包括哪些?

①如果污染物检测结果中有任何一项不满足限值要求，则判定排放检验不合格。

②如果车辆排放有明显可见烟度或烟度值超过格林曼 1 级，则判定排放检验结果不合格。

③加载减速法功率扫描过程中，经修正的轮边功率测量结果不得低于制造厂规定的发动机额度功率的 40%，否则判定排放检验结果不合格。

④对于 2018 年 1 月 1 日以后生产的车辆，如果 OBD 检验不合格，则判定排放检验结果不合格。

第三章 《机动车排放定期检验规范》介绍

79.《机动车排放定期检验规范》（HJ 1237—2021）主要规定了哪些内容？

《机动车排放定期检验规范》（HJ 1237—2021）规定了机动车排放检验机构的检验系统组成与技术要求、日常运行和维护要求、标准物质、检验技术要求、数据记录及修约、质量保证等内容。

本标准适用于机动车排放检验机构开展汽车排放定期检验和注册登记检验。

本标准适用于县级以上生态环境主管部门依法开展机动车排放检验机构监督管理工作。

本标准不适用于机动车环境噪声检验检测。

80. 检验系统组成的具体要求是什么？

按照《机动车排放定期检验规范》（HJ 1237—2021）的规定，机动车排放检验机构应配备与检验能力相匹配的检验设备和配套软件，并根据生态环境主管部门的管理要求，及时升级检验设备及其配套软件。

检验系统组成应包括外观检验、OBD 检查、排气污染物检测、数据采集与处理、视频监控、校准和比对等过程必需的设施及仪器。

81. 外观检验设备的技术要求包括哪些？

外观检验应配置相应的地沟或举升装置等其他等效装置。配备移动外观检验设备，具有车辆信息查询、检验项目填报、机动车环保信息公开数据查询、拍照等功能并能够联网实现实时数据传输。

82. 在用汽车外观检验具体包括哪些内容？

①检查被检车辆的车况是否正常。

②检查车辆是否存在严重烧机油或者严重冒烟现象。

③检查燃油蒸发控制系统连接管路的连接是否正确、完整（仅对汽油车）。

④检查发动机排气管、排气消声器和排气后处理装置的外观及安装紧固部位是否完好。

⑤检查车辆是否配置有 OBD 系统。

⑥判断车辆是否适合进行工况法检测（汽油车为简易工况法，柴油车为加载减速法）。

⑦变更登记、转移登记检验时应查验污染控制装置是否完好。

83. OBD 检查设备的技术要求包括哪些？

OBD 诊断仪应至少具备车辆及 OBD 信息检查、故障代码获取、就绪状态描述、OBD 系统的实际监测频率（IUPR）相关数据记录、实时数据流读取及打印等功能；应连续获取、转换及显示车辆排放相关的数据和故障代码，按照标准规定的格式读取并自动传输；应能支持读取符合通信协议的车辆 OBD 信息等。

84. OBD 检查的内容包括哪些？

① OBD 接口检查；

② OBD 故障指示器目视检查；

③ OBD 诊断仪通信检查；

④ OBD 诊断仪中的故障指示器激活状态与仪表盘上显示的 MI 灯状态一致性检查；

⑤ OBD 就绪状态检查。

85. OBD 检查怎样做？

OBD 检查时，将 OBD 诊断仪连接车辆 OBD 接口，OBD 诊断仪扫描内容自动传输至检测主控机，主控机检测软件自动记录和判定。

OBD 系统检验流程见下图。

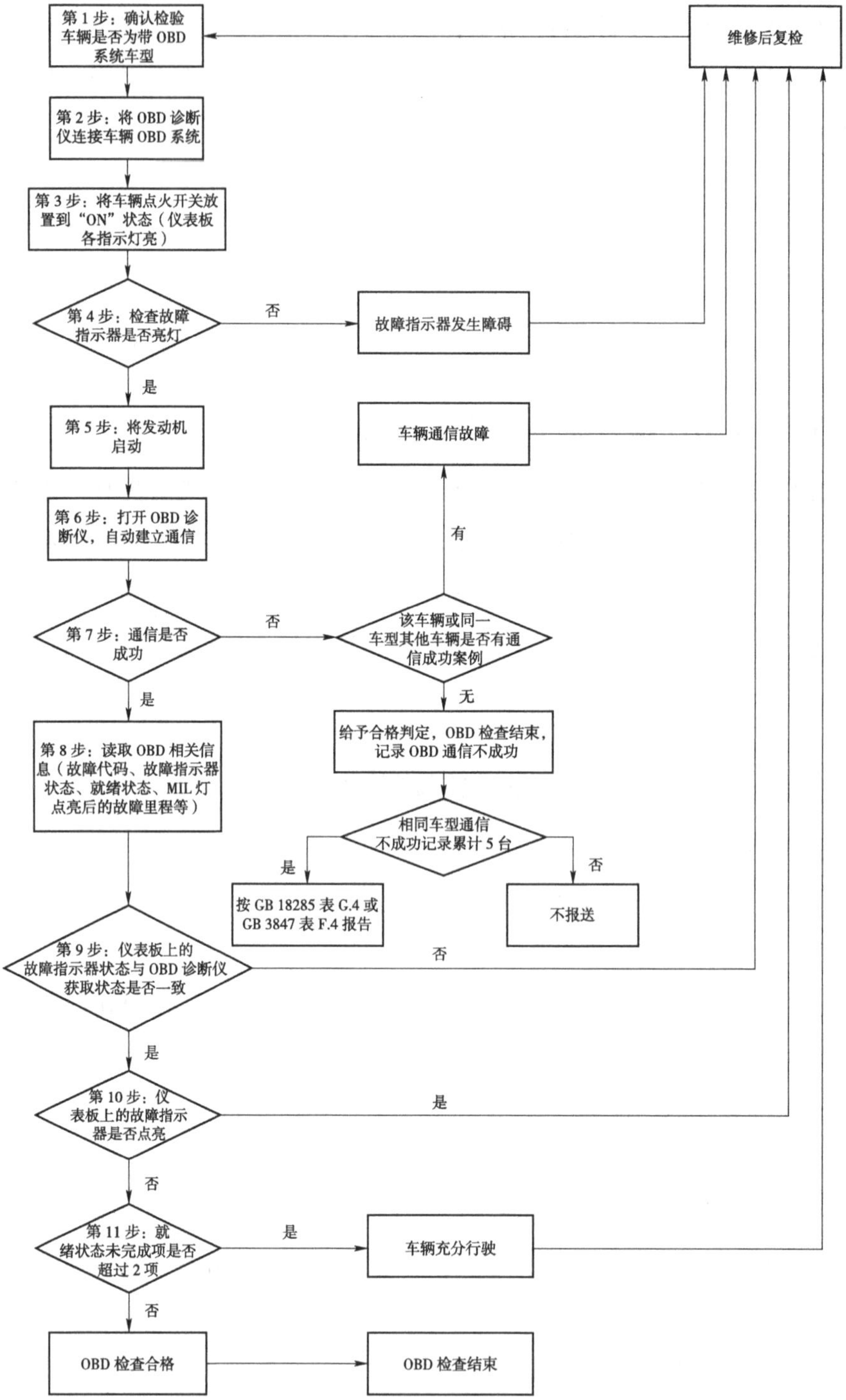
第1步：确认检验车辆是否为带OBD系统车型
维修后复检
第2步：将OBD诊断仪连接车辆OBD系统
第3步：将车辆点火开关放置到"ON"状态（仪表板各指示灯亮）
第4步：检查故障指示器是否亮灯
否
故障指示器发生障碍
是
第5步：将发动机启动
车辆通信故障
第6步：打开OBD诊断仪，自动建立通信
有
第7步：通信是否成功
否
该车辆或同一车型其他车辆是否有通信成功案例
是
无
第8步：读取OBD相关信息（故障代码、故障指示器状态、就绪状态、MIL灯点亮后的故障里程等）
给予合格判定，OBD检查结束，记录OBD通信不成功
相同车型通信不成功记录累计5台
是
否
按GB 18285表G.4或GB 3847表F.4报告
不报送
第9步：仪表板上的故障指示器状态与OBD诊断仪获取状态是否一致
否
是
第10步：仪表板上的故障指示器是否点亮
是
否
第11步：就绪状态未完成项是否超过2项
是
车辆充分行驶
否
OBD检查合格
OBD检查结束

86. OBD 通信检查程序是什么？

①经两次尝试 OBD 通信均未成功，应检查所使用的 OBD 诊断仪是否存在故障。

②确认 OBD 诊断仪无故障后，通过查询 OBD 检查记录，检查该车辆或者同车型其他车辆，有无 OBD 通信合格记录。

③如果检查记录中，该车辆或同型号其他车辆均未有通信检查合格记录，则判定该车 OBD 检查合格，记录该车 OBD 通信检查不合格。

④如果检查记录中，该车辆或同型号其他车辆有通信检查合格记录，则判定该车 OBD 检查不合格，并记录为 OBD 通信检查不合格，要求车主维修后复检。

⑤如果同一车型 OBD 通信检查记录（至少 5 台）均为不合格，应作为集中超标车型上报。

⑥检查 OBD 过程中，如果发现以下异常情况，应记录相关检查情况，由机动车排放检验机构技术负责人或授权签字人批准后，按集中超标车型上报相关主管部门，OBD 检查结果按合格处理：

——必须使用工具拆卸，才能连接 OBD 接口的；

——连接 OBD 诊断仪后，通信不稳定或死机的；

——OBD 信息读取不成功或车辆适用 OBD 读取保护功能的；

——其他特殊情况。

87. 在用汽车 OBD 检查不合格的情形包括哪些？

①故障指示器故障（含电路故障）；

②故障指示器激活；

③车辆与 OBD 诊断仪之间的通信故障；

④仪表板故障指示器状态与 ECU 中记载的故障指示器状态不一致；

⑤车辆污染控制装置被移除，而 OBD 故障指示灯未点亮报警。

88. 应对哪些汽车进行 OBD 检查？

① 2011 年 7 月 1 日以后生产的轻型汽油车；

② 2013 年 7 月 1 日以后生产的重型汽油车；

③ 2011 年 7 月 1 日以后生产的轻型燃汽车；

④ 2018 年 1 月 1 日以后生产的重型燃汽车；

⑤ 2018 年 1 月 1 日以后生产的柴油车。

不属于上述范围且配备 OBD 系统的汽车应进行 OBD 检查，但不进行结果判定。

89. 机动车排气污染物检测设备的技术要求有哪些？

①应依据国家相关计量技术规范，采用检定或校准的方式直接溯源至社会公用计量标准，确认设备能够满足检验检测要求。

②排气分析仪、气体流量分析仪、不透光烟度计、底盘测功机、发动机转速计、温度计、湿度计、大气压力计等应在计量检定或校准有效期内。

③每套排气污染物检测系统应配备至少一套 OBD 诊断仪，并同时具备接收 OBD 诊断仪传输数据的功能。

90. 排气分析仪应满足哪些技术要求？

①应具备日常检查功能；

②省级生态环境主管部门可根据实际管理需要，要求检验机构对除柴油车用不透光烟度计外的排气分析仪进行物理隔离，废气应通过管路排出操作间外；

③使用转化炉原理测量氮氧化物的排气分析仪进行排气污染物检测时，应确保转化炉正常启动且 NO 转化剂组件有效工作；

④排气分析仪采样管长度应小于 7.5 m，不透光烟度计采样管长度应小于 3.5 m，采样管路包含取样探头、取样管、过滤器等；

⑤应避免干扰检验结果、弄虚作假的行为。如检验设备与检验无关的物品连接；采样管路泄漏、弯折、堵塞等。

91. 气象站应满足哪些技术要求？

温度计、湿度计、大气压力计应安装在检测车间内、电脑操作间外，并应与受检车辆处于相同的环境，测量记录排放检验时的环境数据。

92. 仪器设备日常运行和维护要求有哪些？

仪器设备应按要求进行定期检查，检查不通过的应锁止，检查通过后解锁。检查记录应自动生成保存，并按有关要求进行传输。每天首次排放检验前，应进行设备预热、自检。如任一项目没有通过，系统应锁止，自检通过后解锁。每次排气污染物检测前，排气分析仪或不透光烟度计应进行设备校正。机动车排放检验机构日常自检重点见下表。

机动车排放检验机构日常自检重点

检查单元	项目	检查内容	周期	类型
排气分析仪	泄漏检查	取样系统密闭性检查	每天开始检测前	自检
	单点检查	用低浓度标准气体进行单点检查，如检查不通过，需要改用零气和高浓度标准气体进行标定，再用低浓度标准气体进行复查	低标准气体：每天开始检测前；高标准气体：每月至少 1 次	自检
	五点检查	单点检查连续 3 次不超过，应对排气分析仪进行维护保养或重新线性化处理，然后进行五点检查		自检
	响应时间检查	检查 CO、CO_2、HC 和 O_2 响应时间	高浓度气标定时	周期检查
	零点校正	排气分析仪 HC、CO、CO_2、NO 的零点校正；O_2 传感器量距点校正	（稳态、瞬态）每次检测前	校正
		CO_2、NO_x 排气分析仪零点校正	（加载减速）每次检测前	校正
	环境空气测定	测量并记录环境空气 HC、CO、NO 浓度	每次检测前	校正
	背景空气浓度取样	取样管抽气分析 HC、CO、NO_x 浓度，计算 HC 残留量浓度	每次检测前	校正
	NO_x 转化效率检查	采用转化炉方式测量 NO_x 的分析仪应进行 NO_2 转换为 NO 的转化效率检查，转化效率应不小于 90%	（瞬态）每周至少 1 次，更换 NO 转化剂组件时必须进行	周期检查
底盘测功机	滑行损失	50～30 km/h 及 35～15 km/h 滑行测试	（稳态、瞬态）每天开始检测前	自检

续表

检查单元	项目	检查内容	周期	类型
底盘测功机	滑行损失	100～10 km/h（至少 80～10 km/h）滑行测试（10～30 kW 任意一个负载）	（加载减速）每天开始检测前	自检
	附加损失测试	测功机内部摩擦损失功率	每周进行，当滑行测试不通过时也需进行	自检 / 周期检查
	其他	力传感器检查、转鼓转速检查、负荷准确度、响应时间、测功机静态检查（扭矩 / 力）、测功机速度测试、变负荷滑行	180 天	周期检查
不透光烟度计	零点和满量程检查	0%、100% 点	每次检测前	校正
	滤光片检查	标准滤光片量距点检查	每天开始检测前	自检

93. 双怠速法设备检查项目及周期是什么？

双怠速法设备检查项目及周期见下表。

双怠速法设备检查项目及周期

检查单元	项目	检查内容	周期	类型
排气分析仪	泄漏检查	取样系统密闭性检查	每天开始检测前	自检
	HC 残留检查	检查系统中 HC 残留值	每次测试前	校正
	单点检查	用低浓度标准气体进行单点检查；如检查不通过，需要改用零气和高浓度标准气体进行标定，再用低浓度标准气体进行复查	每天开始检测前	自检
	响应时间检查	检查 CO、CO_2、HC 和 O_2 响应时间	每月进行	周期检查

94. 稳态工况法设备检查项目及周期是什么？

稳态工况法设备检查项目及周期见下表。

稳态工况法设备检查项目及周期

检查单元	项目	检查内容	周期	类型
排气分析仪	泄漏检查	取样系统密闭性检查	每天开始检测前	自检
	零点校正	排气分析仪 HC、CO、CO_2、NO 的零点校正；O_2 传感器量距点校正	每次检测前	校正
	环境空气测定	测量并记录环境空气 HC、CO、NO 浓度	每次检测前	校正
	背景空气浓度取样	取样管抽气分析 HC、CO、NO_x 浓度，计算 HC 残留量浓度	每次检测前	校正
	单点检查	用低浓度标准气体进行单点检查（含氧检查）；如检查不通过，需要改用零气和高浓度标准气体进行标定，再用低浓度标准气体进行复查。高浓度标准气体标定应每月至少进行 1 次	低标准气体：每天开始检测前； 高标准气体：每月至少 1 次	自检
	响应时间检查	CO、NO、O_2 传感器响应时间	高浓度气标定时	自检
	五点检查	单点检查连续 3 次不通过，应对排气分析仪进行维护保养或重新线性化处理，然后进行五点检查		自检
底盘测功机	滑行测试	50～30 km/h 滑行测试及 35～15 km/h 滑行测试	每天进行	自检
	附加损失测试	测功机内部摩擦损失功率	每周进行，当滑行检查不通过时也需进行	自检 / 周期检查
	其他	力传感器检查、转鼓转速检查、负荷准确度、响应时间、变负荷滑行	180 天	周期检查

95. 简易瞬态工况法设备检查项目及周期是什么？

简易瞬态工况法设备检查项目及周期见下表。

简易瞬态工况法设备检查项目及周期

检查单元	项目	检查内容	周期	类型
排气分析仪	泄漏检查	取样系统密闭性检查	每天开始检测前	自检

续表

检查单元	项目	检查内容	周期	类型
排气分析仪	零点校正	排气分析仪 HC、CO、CO_2、NO_x 零点校正；O_2 传感器量距点校正	每次检测前	校正
	环境空气测定	测量并记录环境空气 HC、CO、NO_x 浓度	每次检测前	校正
	背景空气浓度取样	取样管抽气分析 HC、CO、NO_x 浓度，计算 HC 残留量浓度	每次检测前	校正
	单点检查	低浓度标准气体检查（含氧检查）；如检查不通过，需要改用零气和高浓度标准气体进行标定，再用低浓度标准气体进行复查。高浓度标准气体标定应每月至少进行 1 次	低标准气体：每天开始检测前； 高标准气体：每月至少 1 次	自检
	响应时间检查	CO、NO_x、O_2 传感器响应时间	高浓度气标定时	自检
	NO_x 转化效率检查	采用转化炉方式测量 NO_x 的分析仪应进行 NO_2 转换为 NO 的转化效率检查，检查方法应按照相应文件。转化效率应不小于 90%	每周至少 1 次，更换 NO 转化剂组件时必须进行	周期检查
	五点检查	当单点检查连续 3 次不通过，应对排气分析仪进行维护保养或重新线性化处理，然后进行五点检查		自检
底盘测功机	滑行测试	50～30 km/h 滑行测试及 35～15 km/h 滑行测试	每天开始检测前	自检
	附加损失测试	测功机内部摩擦损失功率	每周进行，当滑行测试不通过时也需进行	自检 / 周期检查
	其他	力传感器检查、转鼓转速检查、负荷准确度、响应时间、变负荷滑行	180 天	周期检查

96. 自由加速法设备检查项目及周期是什么？

自由加速法设备检查项目及周期见下表。

自由加速法设备检查项目及周期

检查单元	项目	检查内容	周期	类型
不透光烟度计	零点和满量程检查	0%、100% 点	每次检测前	校正
	滤光片检查	标准滤光片量距点检查	每天开始检测前	自检

97. 加载减速法设备检查项目及周期是什么？

加载减速法设备检查项目及周期见下表。

加载减速法设备检查项目及周期

检查单元	项目	检查内容	周期	类型
不透光烟度计	零点和满量程点检查	0%、100% 点	每次检测前	校正
	滤光片检查	标准滤光片量距点检查	每天开始检测前	自检
NO_x 分析仪	泄漏检查	取样系统密闭性检查	每天开始检测前	自检
	零点校正	CO_2、NO_x 排气分析仪零点校正	每次检测前	校正
	单点检查	低浓度标准气体检查。如检查不通过，需要改用零气和高浓度标准气体进行标定，再用低浓度标准气体进行复查。高浓度标准气体标定应每月至少进行 1 次	低标准气体：每天开始检测前； 高标准气体：每月至少 1 次	自检
	响应时间检查	CO_2、NO_x 传感器响应时间	高浓度标定时	自检
	NO_x 转化效率检查	采用转化炉方式测量 NO_x 的分析仪应进行 NO_2 转换为 NO 的转化效率检查，检查方法应按照相应文件。转化效率应不小于 90%	每周至少 1 次，更换 NO 转化剂组件时必须进行	周期检查
	五点检查	当单点检查连续 3 次不通过，应对分析仪进行维护保养或重新线性化处理，然后进行五点检查		自检
底盘测功机	滑行测试	100～10 km/h（至少 80～10 km/h）滑行测试（10～30 kW 任意一个负载）	每天开始检测前	自检
	附加损失测试	测功机内部摩擦损失功率	每周进行，当滑行测试不通过时也需进行	自检 / 周期检查
	其他	测功机静态检查（扭矩 / 力）、测功机速度测试、响应时间、变负荷滑行	180 天	周期检查

98. 检验机构使用的标准物质应满足哪些要求？

①应配备符合规定的标准物质，标准物质信息应按照《汽车排放定期检验信息采集传输技术规范》（HJ 1238—2021）的相关要求进行记录、保存和传输。

标准物质存放条件应能保证其溯源性不受影响。标准气体应按照国家有关标准规定具有标准物质证书，并在标注的有效期内使用。应按照相关要求配备合理数量的标准滤光片和测功机标定校准用标准砝码、转速表，并按要求进行计量检定或校准，且在有效期内使用。

②排气分析仪的零点校正应使用符合《汽油车污染物排放限值及测量方法（双怠速法及简易工况法）》（GB 18285—2018）和《柴油车污染物排放限值及测量方法（自由加速法及加载减速法）》（GB 3847—2018）的零点标准气体或零点标准气体发生器。

③零点标准气体发生器产生的气体成分应符合《汽油车污染物排放限值及测量方法（双怠速法及简易工况法）》（GB 18285—2018）和《柴油车污染物排放限值及测量方法（自由加速法及加载减速法）》（GB 3847—2018）的零点标准气体要求。零点标准气体发生器应通过计量检定或校准，且在有效期内使用。

④排气分析仪的单点检查和五点检查应使用符合《汽油车污染物排放限值及测量方法（双怠速法及简易工况法）》（GB 18285—2018）和《柴油车污染物排放限值及测量方法（自由加速法及加载减速法）》（GB 3847—2018）的标准气体。

99. 检验机构的检验技术要求有哪些？

①检验机构的检验顺序按照联网核查、外观检验、OBD 检查、排气污染物检测的顺序开展。省级生态环境主管部门确定开展汽油车燃油蒸发检测的，还应进行燃油蒸发排放控制系统检测。

②联网核查应包括环保违规情况、排放召回记录、车载终端联网状态及车辆维修记录。对存在环保违规和排放召回记录的车辆，应提醒车主及时处理。对已安装远程排放管理车载终端的重型柴油车和燃气车，应查询车载终端的联网状态，并记录通信情况。

③外观检验、OBD 检查、排气污染物检测方法和项目应按照《汽油车污染物排放限值及测量方法（双怠速法及简易工况法）》（GB 18285—2018）和《柴油车污染物排放限值及测量方法（自由加速法及加载减速法）》（GB 3847—2018）进行。同一车辆或相同型号车辆应采用同一种检测方法。

④除了设备故障和安全事故的情况，应避免随意中断检测过程。

⑤检验过程中车辆排放出现目视可见黑烟或蓝烟，按《汽油车污染物排放限值及测量方法（双怠速法及简易工况法）》（GB 18285—2018）和《柴油车污染物排放限值及测量方法（自由加速法及加载减速法）》（GB 3847—2018）判定外观检验不合格。

100. 汽车在进行排放检验时应选择哪种检测方法？

在用汽车进行的排放检验（包括定期排放检验和监督抽查）应符合《汽油车污染物排放限值及测量方法（双怠速法及简易工况法）》（GB 18285—2018）和《柴油车污染物排放限值及测量方法（自由加速法及加载减速法）》（GB 3847—2018）的要求。

在全国范围内进行的汽油车环保定期检验应采用《汽油车污染物排放限值及测量方法（双怠速法及简易工况法）》（GB 18285—2018）规定的简易工况法，对于无法使用简易工况法的车辆，可采用《汽油车污染物排放限值及测量方法（双怠速法及简易工况法）》（GB 18285—2018）规定的双怠速法进行检验。

在全国范围内进行的柴油车环保定期检验应采用《柴油车污染物排放限值及测量方法（自由加速法及加载减速法）》（GB 3847—2018）规定的加载减速法，对于无法按加载减速法进行测试的车辆，可采用《柴油车污染物排放限值及测量方法（自由加速法及加载减速法）》（GB 3847—2018）规定的自由加速法进行检验。

采用双怠速法对车辆进行监督抽测时，可采用《汽油车污染物排放限值及测量方法（双怠速法及简易工况法）》（GB 18285—2018）规定限值的 1.1 倍进行判定。

采用自由加速法对车辆进行监督抽测时，可采用《柴油车污染物排放限值及测量方法（自由加速法及加载减速法）》（GB 3847—2018）规定限值的 1.1 倍进行判定。

对道路上行驶车辆的监督抽测也可按照《在用柴油车排气污染物测量方法及技术要求（遥感检测法）》（HJ 845—2017）规定的方法和限值进行，一次林格曼黑度超过排放限值，判定车辆排放不合格。

101. 排气污染物检测工况法的适用性如何判断？

若因车辆技术或安全因素，无法采用工况法检测的车辆，检验机构应制定内部审批程序，详细记录无法采用工况法检测的原因，经机构技术负责人或授权签字人签字批准后，可采用双怠速法（汽油车和燃气车）或自由加速法（柴油车）检测，审批记录应随检验报告一同存档。同一车辆或同型号车辆应采用同一种检测方法。

典型无法采用简易工况法检测的汽油车包括但不限于：

①无法手动切换为两驱驱动模式的全时四驱或自适应四驱车辆；

②无法手动关闭防侧滑功能的车辆。

典型无法采用加载减速法检测的柴油车包括但不限于：

①无法手动切换为两驱驱动模式的全时四驱或自适应四驱车辆，以及配备有牵引力控制或自动制动系统并且无法手动关闭该功能的车辆；

②行驶速度受限（最高设计速度小于等于 50 km/h），无法满足加载减速测试要求的车辆；

③轴重超出三轴六滚筒测功机规定承载的车辆；

④无法手动中断电机扭矩输出的柴电混合动力电动汽车。

102. 混合动力电动汽车排气污染物检测有何特殊规定？

①对于所有混合动力电动汽车，在采用工况法进行排气污染物检测期间，如果发动机自动熄火进入纯电模式，导致无法获取发动机转速，纯电工作模式期间数据应记录为零（包括排放数据和转速），过量空气系数和转速数据不作为检测是否有效的判定依据。

②对于插电式混合动力电动汽车，在排气污染物检测前，应确认车辆电量状态并切换至电量保持模式并尝试启动发动机工作。当因车辆电量高，发动机无法启动时，应要求车主采用电量消耗模式在实际道路充分行驶或检验机构在底盘测功机上充分行驶放电至发动机启动后，进行排气污染物检测。

③不能通过油门踏板调节车辆发动机转速的混合动力电动汽车，采用双怠速法进行排气污染物检测时，在发动机启动运行后跳过高怠速工况，仅进行怠速工

况排气污染物检测。

④对放电后仍无法正常启动发动机的混合动力电动汽车，在确保安全和不造成车辆故障的前提下，可采用发动机维修模式强制启动发动机后进行排气污染物检测。

103. 燃气车辆排气污染物检测有哪些特别之处？

对以天然气为燃料的点燃式发动机汽车（包括气电混合动力电动汽车），排气污染物检测中的 HC 限值为推荐性限值，检测报告只记录排放结果，不作为检测是否合格的判定依据。

104. 特殊技术车辆排气污染物检测有何要求？

因车辆特殊技术原因无法达到标准规定检测条件的，详细记录车辆无法达到标准要求检测条件的原因，经机构技术负责人或授权签字人签字批准后，应尽可能在接近标准要求的测试条件下进行检测，审批记录应随检验报告一同存档。情况包括但不限于：

①因高怠速保护等特殊技术，车辆在空挡下发动机无法达到标准规定的转速要求时，应最大限度接近标准规定转速，并按照制造厂说明书的规定进行。

②对装配两个及以上排气管的车辆（装饰排气管除外），或因使用排气降噪等特殊设计无法达到标准规定的检测条件的车辆，可使用多探头采样管测量，也可使用“Y”形或多路延长管将排气收集到同一尾管，并采用单取样探头进行检测。延长管应与车辆排气管连接良好不漏气，长度应大于 400 mm，对车辆排气背压无明显影响。

③因发动机过热保护等特殊技术，车辆预热温度无法达到标准规定要求的，应最大限度接近标准规定的预热温度，并保证排气污染物检测前发动机启动至少 5 min 以上，或按照制造厂说明书的规定进行检测。

④因变速箱挡位切换等特殊技术，在工况法检测过程中出现异常的（如变速箱不停换挡导致车速无法稳定等），可按照制造厂说明书规定开启测功机模式进行检测。

⑤装有怠速启停功能的车辆应在排气污染物检测前手动关闭后进行检测。无

法手动关闭怠速启停功能的，当排气污染物检测怠速期间发动机自动熄火，无法获取发动机转速和过量空气系数以及排气流量时，上述数据不作为检测失效的判定依据。

105. 数据记录有哪些要求？

①应保存排放检验实施过程中的所有原始记录，包括车辆信息、检测条件、检测设备、检测方法、检测人员以及检测过程数据的原始记录、设备自检及周期性检查、照片或视频等相关佐证材料，确保能够追溯车辆的检测过程。

②检测过程数据、设备检查数据应按照规定频率保存全过程连续数据。

106. 检验机构视频监控的技术要求包括哪些？

①外观检验视频监控要求。检验机构应在外观检验区域内配备全景摄像机，能够监测到整个外观检验区域情况。

②检测线视频监控要求。每条检测线应至少安装两路视频监控装置，按对角线布置。

原则上应在检测线的侧前方和检测线的侧后方各安装一路视频监控装置。

检测期间，视频监控装置应能清晰拍摄车辆前部车牌号码、车辆排气管以及检验过程中尾气采样管插入车辆排气管的全部过程。

重型柴油车和重型燃气车检测线还应配备移动式摄像机，能够清晰拍摄取样管插入及拔取过程。

检测过程视频应接入服务大厅，实时显示检测过程。

③检测设备视频监控要求。检测线设备操作区域应安装视频监控设备，能够清晰监视并分辨设备操作计算机显示器显示的内容、检验设备控制软件操作等。

根据管理实际需要，省级生态环境主管部门可要求检测线设备存放区安装视频监控设备，摄像头应正对分析仪主机显示屏界面，能够清晰监视和采集检验过程中检验设备运行情况。

第四章 《汽车排放定期检验信息采集传输技术规范》介绍

107.《汽车排放定期检验信息采集传输技术规范》（HJ 1238—2021）主要规定了哪些内容?

《汽车排放定期检验信息采集传输技术规范》（HJ 1238—2021）规定了汽车排放定期检验和注册登记检验信息采集传输框架、软件功能和数据采集传输要求。

108. 汽车排放定期检验信息采集传输的整体框架是什么?

按照《汽车排放定期检验信息采集传输技术规范》（HJ 1238—2021）的规定，检验数据采集传输从下至上分为检验机构（设备软件、机构软件）、生态环境主管部门监管软件、各级生态环境主管部门（生态环境业务专网）3个层次。检验机构通过专用网络与监管软件进行数据传输，监管软件通过生态环境业务专网逐级传输到达部级交换节点，如下图所示。

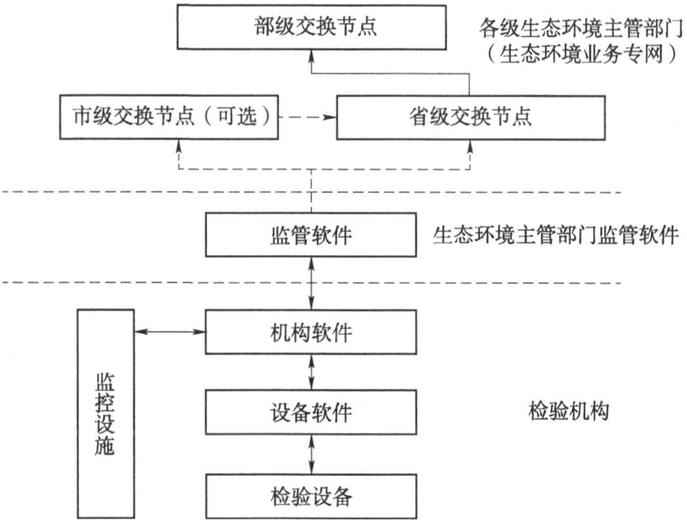

109. 汽车排放定期检验信息采集传输软件包括哪几类？

汽车排放定期检验信息采集传输软件包括设备软件、机构软件和监管软件。

设备软件是指按照《汽油车污染物排放限值及测量方法（双怠速法及简易工况法）》（GB 18285—2018）和《柴油车污染物排放限值及测量方法（自由加速法及加载减速法）》（GB 3847—2018）的相关要求，安装在检验设备上，用于控制设备完成检验工作的控制软件。

机构软件是指用于管理记录汽车排放检验信息，实现与生态环境主管部门实时共享检验数据的软件系统。

监管软件是指实现生态环境主管部门与检验机构实时共享检验数据，并对检验进行监督的软件系统。

110. 设备软件在安装时有哪些具体要求？

安装设备软件的计算机应专机专用，除安装操作系统、一套设备软件及必要的安全软件外，避免安装备份、训练及其他与检验无关的软件。

111. 设备软件有哪些功能要求？

①设备软件应具有符合《汽油车污染物排放限值及测量方法（双怠速法及简易工况法）》（GB 18285—2018）和《柴油车污染物排放限值及测量方法（自由加速法及加载减速法）》（GB 3847—2018）规定的自动控制排气污染物测量、OBD 检查并记录相关过程数据的功能。

②设备软件应具有符合《汽油车污染物排放限值及测量方法（双怠速法及简易工况法）》（GB 18285—2018）和《柴油车污染物排放限值及测量方法（自由加速法及加载减速法）》（GB 3847—2018）规定的采集记录检验设备自检、检查记录的功能。

③设备软件应具有符合《汽油车污染物排放限值及测量方法（双怠速法及简易工况法）》（GB 18285—2018）和《柴油车污染物排放限值及测量方法（自由加速法及加载减速法）》（GB 3847—2018）规定的车辆检验、响应指令、设备自检和检查等功能。

④检验设备自检未通过、设备检查异常的，设备软件应锁止。检验过程数据异常（如氧浓度异常、过程数据不完整、采样气体低流量、泄漏、集气管低流量、环境信息异常、发动机转速异常、测功机吸收功率异常、转鼓线速度异常等）的，设备软件应及时提示检验人员在保证检验安全的条件下终止检验。

112. 机构软件应包括哪些功能要求？

机构软件应具有信息管理、检验记录查询、联网核查、外观检验、OBD 检查、污染物排放检测、检验方法和限值、设备软件版本记录、检验报告打印、设备检查、数据保存和共享要求、视频与图片采集保存传输等功能要求。

113. 机构软件对数据保存和共享的具体要求是什么？

机构软件应记录和保存检验机构、检测线、检验人员、车辆、外观检验、OBD 检查过程数据及结果、污染物排放检测过程数据及结果、设备检查和校正信息等检验信息。数据的保存期限不小于 10 年，并符合省级生态环境主管部门的要求。

机构软件应具备与监管软件联网功能，实现检验数据实时共享，并符合省级生态环境主管部门的要求。

114. 机构软件对视频与图片采集保存传输的具体要求是什么？

①监控视频应覆盖每天设备启动至关机的全部过程，清晰连贯地记录检验设备启动、自检、检定（校准）、车辆排放检测、检验设备待检测、系统关机等。

②排气污染物检测过程视频应保持连续不中断，清晰识别车牌号码、车辆前后外观，采样管插入和拔出车辆排气管过程并对关键环节拍摄照片。检测线设备操作计算机显示内容应连贯清晰地记录并保存。其他细节按省级生态环境主管部门要求执行。

③对排气污染物检测、外观检验过程中拍摄的污染物控制装置照片或视频，应通过外观检验设备自动传输至机构软件。

④视频文件、图像文件名称命名由软件自动生成，检验数据、视频文件、图

像文件应关联，图片随检验数据一起上传至监管软件，图片格式分辨率以及视频是否上传按省级生态环境主管部门要求执行。

115. 监管软件应包括哪些功能要求?

监管软件应具有检验机构管理、检验数据管理、检验数据和检验报告编号、车辆违规记录、集中超标车型记录和数据传输等功能要求。

116. 汽车排放定期检验信息的传输要求是什么?

①检验机构应实时向生态环境主管部门进行数据传输交换，上述数据项目应符合标准要求。

②市级生态环境主管部门到省级生态环境主管部门如需要数据传输的，周期和交换内容由省级生态环境主管部门确定。

③省级生态环境主管部门到国家生态环境主管部门的数据传输按照标准规定进行，周期不低于每日 1 次。

第四篇

监管执法篇

JIANGUAN ZHIFA PIAN

第一章　机动车检验机构和维修机构现场检查要点

117. 机动车检验机构和维修机构检查主要包括哪些内容？

机动车检验机构检查主要包括现场检查、记录及报告检查、资质检查等；机动车排放性能维护（维修）站检查主要包括现场检查、记录及发票检查、视频检查等；机动车维修点检查主要包括现场检查、记录及发票检查、视频检查等。具体见下图。

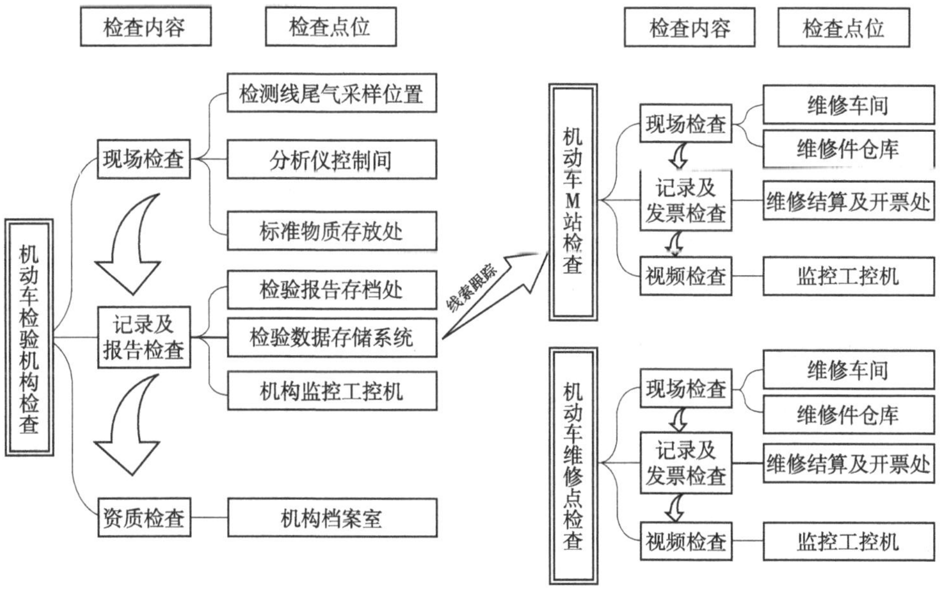

118. 机动车检验机构现场检查点位包括哪些？

机动车检验机构现场检查点位主要包括检测线尾气采样位置、分析仪控制间、标准物质存放处等。

119. 机动车检验机构检测线尾气采样位置的检查内容及检查要点包括哪些?

①检查内容：是否使用软、硬件作弊器。

检查要点：查看现场 OBD 诊断仪连接车辆端的接口处，是否存在作弊器、模拟器等装置；查看检测线操作电脑、控制台附近，是否存在可疑作弊装置及信号模拟装置等。作弊装置一般不标注生产厂商信息，模拟器需单独接线供电。检查检测线操作电脑、检测用手机、平板等设备，查看是否安装作弊软件，是否存在人为调节检测结果、控制过程参数等作弊功能。

②检查内容：仪器设备是否存在干扰装置。

检查要点：重点查看烟度计测量光路是否通畅，是否存在明显干扰测试通道（如铁丝、玻璃片等）的作弊装置。

③检查内容：是否替车替气检验。

检查要点：梳理采样管路，结合监控视频，查看是否存在采样管路远离车辆检测线、采样管路连接非检测线车辆或者是否有其他管路接入分析仪等替车替气检验现象。

④检查内容：是否使用 OBD 替检。

检查要点：检查检测线 OBD 诊断仪、数据采集手机或平板、OBD 无线数据采集装置，查看检测线附近是否存在可疑车辆用于 OBD 替检，该类车辆一般固定连接有 OBD 诊断装置，长时间输出检测合格信号，信号可直接传输到 OBD 检测平板或手机，用于替代被检车辆。

⑤检查内容：是否使用“钢丝球”“火莲花”“烟霸”等物品作弊。

检查要点：检查采样管路、工具箱、尾气管等位置是否存在“钢丝球”“火莲花”“烟霸”等临时作弊装置，结合过往检验视频查看是否存在使用临时作弊物品或装置通过检验的情况。

⑥检查内容：是否按要求采集环境温度、环境湿度、大气压力等真实环境参数。

检查要点：检查检测现场用于环境温度、湿度、大气压力等环境参数测量的气象站，查看是否存在气象站远离检测现场或放置于屋内、气象站功能损坏仍输出数据、气象站显示数据与实际情况明显不一致等，并且通过虚假环境参数影响检验结果的情况。

⑦检查内容：采样管路是否符合标准规范要求。

检查要点：测量从采样口到分析仪管路长度是否大于 7.5 m（标准要求小于 7.5 m）；测量不透光烟度计采样管长度是否大于 3.5 m（标准要求小于 3.5 m）；是否存在采样管路破损、漏气等影响尾气检测现象。

120. 机动车检验机构分析仪控制间的检查内容及检查要点包括哪些？

①检查内容：是否使用分析仪作弊设备。

检查要点：查看分析仪设备背面数据接口，分析仪与控制电脑之间是否存在可疑设备，查看分析仪设备间内有无可疑设备连接分析仪串口，并对发现的装置进行安装前后数据对比。此类设备大多需串联在分析仪与控制电脑之间或单独通过 CAN 接口连接分析仪，以输出作弊信号。

②检查内容：设备自检及周期性检查记录缺失。

检查要点：查看分析仪等设备自检、周期性检查记录，包括纸质版记录及电子版记录，是否存在设备自检及周期性检查记录缺失的情况。

③检查内容：仪器设备准确度。

检查要点：现场进行测功机静态检查、速度测试检查；对底盘测功机加载性能进行测试，使用盲气对分析仪进行检测。

121. 机动车检验机构标准物质存放处的检查内容及检查要求包括哪些？

检查内容：标准物质种类，标准气体浓度。

检查要点：检查标准气体存放处用于分析仪日常自检使用的零标准气体、低浓度标准气体、高浓度标准气体等气瓶是否齐全，是否均在有效期；现场是否配有用于烟度计自检用的滤光片；查看标准气体浓度是否符合标准规范要求。

122. 机动车检验机构记录和报告检查点位包括哪些？

机动车检验机构记录和报告检查点位包括检验报告存档处、检验数据存储系统、监控系统工控机等。

123. 机动车检验机构检验报告存档处的检查内容及检查要点包括哪些?

①检查内容：是否人为跳过 OBD 检验。

检查要点：查看车辆检验报告、监控视频等，结合车辆生产年限，查看是否存在 OBD 应该检验且判定的车辆跳过 OBD 检验及 OBD 数据项为空，但仍出具最终合格检验报告的情况。

②检查内容：多辆车 OBD 检验项目中的 CALID 或 CVN 数据项。

检查要点：查看车辆检验报告 OBD 检验项目的 CALID 和 CVN 数据项，是否存在大量不同品牌、不同发动机型号车辆两项数据一致现象，原因可能是替车检验或使用作弊装置。重点关注如“网红码”：CALID 为 3I1GK64593720853 等情形。

③检查内容：底盘测功机、排气分析仪等检测程序参数或车辆关键参数的匹配性与真实性。

检查要点：查阅底盘测功机、排气分析仪等设备关键参数表，查看底盘测功机速度脉冲参数、滚动直径、扭矩换算功率、信号增益调节器参数、力测量线性参数，以及排气分析仪流量阈值等实际数值是否与设备要求一致，是否存在改动情况。查看车辆测试报告中额定功率等数据，是否存在与车辆实际参数不一致，并影响检测结果的情况。如重型车加载减速法测试中，车辆记录的额定功率比实际额定功率低，从而实现车辆修正的轮边功率测试结果大于额定功率 40% 的限值要求，以篡改数据方式通过检验。

④检查内容：出具的合格报告的合规性。

检查要点：查看检验报告中 OBD 检验项，是否存在在 OBD 通信未成功、故障码、故障灯点亮或诊断未就绪状态超过 2 项等不合格，但仍判定合格并出具合格报告的情况。

124. 机动车检验机构检验数据存储系统的检查内容及检查要点包括哪些?

①检查内容：检验方法是否符合要求。

检查要点：查看采用自由加速法检验的柴油车或采用双怠速法检验的汽油车

检验报告，同时调取以往该车辆定期检验的方法记录，查看是否存在以往使用加载减速或简易瞬态等方法检测，后来改用自由加速或双怠速等方法的现象。查看车辆驱动模式、车速、轴重、电机扭矩输出功能、防侧滑功能等，判断是否在不满足使用自由加速或双怠速法的条件下，使用其通过检验。查看是否存在将两驱或分时四驱登记为全时四驱，将燃油重卡登记为燃气重卡等篡改信息方式改变检验方法通过检验的情况。

②检查内容：车速、功率、发动机转速等检验过程数据。

检查要点：查看车辆检验记录，是否存在车速、功率、发动机转速等过程数据恒值；发动机转速、功率等数据明显异常，如自由加速法转速无明显变化，加载减速法全过程车速较低、曲线完全贴合等。结合 OBD 检验数据和现场视频，查看发动机转速等数据采集来源，是否存在无数据采集但生成过程数据情况。

③检查内容：是否存在伪造或篡改检验结果、数据、记录、监控视频、图片等，或通过故意删除原始数据、记录等掩盖违法行为的情况。

检查要点：查看车辆外检记录、排放测试数据和记录、检验过程视频、检验关键过程图片等相关材料，是否存在伪造或篡改检验结果、数据、记录、监控视频、图片等，或通过故意删除原始数据、记录等掩盖违法行为的情况。

④检查内容：未按要求传输检验数据。

检查要点：查看机构管理系统和生态环境主管部门检验机构监管系统，是否存在未按照 HJ 1238 要求完整传输并储存检验数据的情况。

⑤检查内容：检测软件是否按标准规范要求设置锁止功能。

检查要点：查看机构检测软件，在不符合检测条件时，软件是否按标准规范要求自动终止检测并锁止。

125. 机动车检验机构监控系统工控机的检查内容及检查要点包括哪些？

①检查内容：是否存在人为干扰车辆检测采样的情况。

检查要点：查看检测现场、视频等，是否存在采样探头插入深度不满足标准要求，采样管路泄漏、弯折或堵塞，双排气管（非装饰用）采用单管采样，踩踏取样管，稀释样气，连接作弊物品等人为干扰采样情况。

②检查内容：是否存在未经实际检验而出具检验报告的情况。

检查要点：查看检验车辆、报告和相关视频，是否存在未上线检验出具合格报告、操作人员不上车操作出具合格报告等情况。

③检查内容：出具合格报告车辆的尾气颜色。

检查要点：查看重型柴油车检验视频，重点查看尾气采样移动摄像头和车辆后方摄像头视频，是否存在尾气管冒黑烟或蓝烟仍出具合格报告的情况。

④检查内容：外观检验时是否存在将污染控制装置或传感器等异常情况判定合格通过检验的情形。

检查要点：查看外观检验视频，是否存在外观检验不上地沟或者污染控制装置缺失、传感器垫高拔出或断开等仍然通过检验的情况。

⑤检查内容：是否存在临时更换或加装污染控制装置通过检验的情况。

检查要点：查看监控视频，是否存在临时更换或加装三元催化器、颗粒捕集器等污染控制装置通过检验的情况。

⑥检查内容：监控视频是否符合标准规范要求。

检查要点：查看分析仪视频监控点位，是否有效拍摄全部分析过程；检测现场摄像头是否符合要求；柴油车尾气采样摄像头是否能清晰拍摄采样过程等；查看是否存在过程视频未保存情况。

126. 机动车检验机构资质检查点位、检查内容及检查要点包括哪些？

检查点位：机构档案室。

①检查内容：检验设备是否按要求检定或校准。

检查要点：查看检验设备检定及校准证书或标签，是否存在未检定或校准、检定已超有效期，但仍出具检验报告的情况。

②检查内容：底盘测功机是否按要求校准。

检查要点：查看底盘测功机校准证书，是否存在未按标准规范要求对测功机滚筒装置、速度、扭力、基本惯量允许误差、恒加载滑行时间、变加载滑行时间、内部损耗功率、加载响应时间等项目进行校准的情况。

127. 机动车排放性能维护（维修）站现场检查点位包括哪些？

机动车排放性能维护（维修）站现场检查点位包括维修车间、维修件仓库等。

128. 机动车排放性能维护（维修）站维修车间的检查内容及检查要点包括哪些？

检查内容 1：有无实际经营场所。

检查要点：根据 M 站注册地址，查看是否存在真实的经营场所。

检查内容 2：既按规定进行备案。

检查要点：查看维修资质证明，咨询交通部门或在交通运输部门网站上查询 M 站清单，是否存在未在 M 站备案清单内，对检验不合格车辆出具维修合格证的情况。

检查内容 3：未维修或虚假维修是否仍出具维修合格证明。

检查要点：查看维修设备及维修能力是否与线索中维修项目相匹配。查看现场维修记录和单据是否有该车辆维修项目，是否实际开展维修，维修情况是否与车辆排放问题相对应，维修项目是否存在明显错误，如柴油车维修三元催化器、汽油车维修 SCR、大量不同原因超标车辆维修项目相同等。

检查内容 4：临时更换污染控制装置。

检查要点：查看维修车间相关记录，是否存在临时更换或加装三元催化器、颗粒捕集器等污染控制装置，出具维修合格证后，又进行拆除或更换为原始、失效设施的情况。

129. 机动车排放性能维护（维修）站维修件仓库的检查内容及检查要点包括哪些？

检查内容：未维修或虚假维修出具维修合格证明。

检查要点：查看维修清单中更换关键零部件记录、零部件采购记录、零部件出入库记录等，是否存在未实际更换零部件、更换的零部件与排放维修无关等情况。

130. 机动车排放性能维护（维修）站记录及发票检查点位、检查内容、检查要点包括哪些?

检查点位：维修结算与开票处。

检查内容：未维修或虚假维修出具维修合格证明。

检查要点：查看车辆的维修清单、结算清单、发票证明等，是否存在无相关维修证明、维修工作与排放治理无关等仍出具维修合格证明的情况。

131. 机动车排放性能维护（维修）站维修视频检查点位、检查内容、检查要点包括哪些?

检查点位：监控工控机。

检查内容：未维修或虚假维修出具维修合格证明。

检查要点：查看维修合格证明、结算清单与视频记录，是否存在车辆未进厂、进厂后未开展实际维修、维修项目与排放治理无关等仍出具维修合格证明的情况。

132. 机动车维修点现场检查点位包括哪些内容?

机动车维修点现场检查点位包括维修车间、维修件仓库等。

133. 机动车维修点维修车间的检查内容及检查要点包括哪些?

检查内容 1：刷写 OBD 数据。

检查要点：查看维修电脑记录、OBD 诊断仪及相关记录，是否存在 OBD 刷写功能模块，并存在刷写车辆 OBD 数据的相关记录。

检查内容 2：临时更换污染控制装置。

检查要点：查看维修车间相关记录，是否存在临时更换或加装三元催化器、颗粒捕集器等污染控制装置，通过机动车排放检验后，又进行拆除或更换为原始、失效设施的情况。

134. 机动车维修点维修件仓库的检查内容及检查要点包括哪些？

检查内容：破坏、拆除污染控制装置。

检查要点：现场查看污染控制装置存放情况，是否有拆除的三元催化器、SCR、颗粒捕集器等污染控制装置，是否有粉碎、拆解污染控制装置的设备，是否存在破坏、拆除或倒卖污染控制装置等情况。

135. 机动车维修点记录及发票检查点位、检查内容及检查要点包括哪些？

检查点位：维修结算及开票处。

检查内容：破坏污染控制装置或 OBD，临时更换污染控制装置通过检验。

检查要点：查看维修记录、结算清单、发票证明等，是否存在刷写 OBD、临时更换污染控制装置通过检验、破坏或拆除污染控制装置等情况。

136. 机动车维修点维修视频检查点位、检查内容、检查点位包括哪些？

检查点位：监控工控机。

检查内容：破坏污染控制装置或 OBD，临时更换污染控制装置通过检验。

检查要点：查看相关监控视频，是否发现刷写 OBD、临时更换污染控制装置通过检验、破坏或拆除污染控制装置等情况。

第二章　典型违法违规问题判别方法

137. 如何判断是否使用作弊设备?

①车辆 OBD 检测初测不合格，人为重启电脑后不上传数据，短时间内复测结果为合格。

②排放检验过程使用遥控器控制作弊器模拟检测数据信号后，查看车辆检测过程数据呈规律性或存在异常突变。

138. 如何判别擅自变更检测方法?

分别使用机构账号和市级账号登录三级联网平台，查询使用双怠速法和自由加速法检测的车辆是否存在使用工况法完成检验的报告和记录。如果车辆曾使用工况法正常完成检测，说明该车辆满足工况法检测条件，可确认其存在擅自变更检测方法的问题。

139. 如何判定冒黑烟仍出具合格报告?

检查柴油车加载减速法检测视频，观察检测过程中车辆的排气管。若有黑烟冒出，则判定为该车辆存在冒黑烟仍出具合格报告的情况。

140. 如何判定车辆存在“替检”行为?

①重点观看车辆复检视频，检查检测车辆是否一致。

②检查检测车间是否存在可疑三通阀门，并顺线摸排管路走向。

141. 如何判定人工干扰检测过程?

重点观察检测视频中车辆附近其他检测人员的行为举止。

142. 如何判定检测过程转速造假或不规范?

查看检测视频，转速计摆放位置是否符合要求。

143. 如何判定未按标准规范进行检测?

查看检测过程数据，对照标准检验关键数据的趋势曲线是否满足检测要求，排查是否存在明显不合逻辑的异常数据。

第三章　常见问题

144. 在使用三级联网平台调取机构历史检测信息，检查检测报告的真实性和有效性时，具体检查内容包括哪些？

①车辆信息：检查车辆信息是否正确填写，特别是涉及排放检测的关键信息如车辆驱动方式、是否有 OBD 系统、柴油车额定转速等。

②检测视频：排气污染物检验过程视频应保持连续不中断，清晰识别车牌号码、车辆前后外观，采用管插入和拔出车辆排气管过程。应重点通过检测视频查找检测过程是否存在“车辆冒黑烟”“人工干扰检测过程”“车辆替检”等违法违规行为。

③检测过程数据：应查看检测过程的数据和曲线图，判断检测人员是否按照《汽油车污染物排放限值及测量方法（双怠速法及简易工况法）》（GB 18285—2018）和《柴油车污染物排放限值及测量方法（自由加速法及加载减速法）》（GB 3847—2018）规定的操作步骤和数据要求进行检测操作，检查是否存在异常数据。

145. 首次检验结果不合格的车辆复检时应采用哪种检测方法？

对首次检验结果不合格的车辆，在维修后，应采用首次环保检验的检测方法进行复检。

146. 排气污染物检测结果为负数或者零时，应如何记录？

如果排气污染物检测结果为负数或者零时，应记录为“未检出”。

147. 机动车检验档案的保存期限为多少年？检验档案包括哪些内容？

纸质档案保存期限应不少于 6 年，电子档案保存应不少于 10 年。检验档案内容包括车辆检验报告、检验视频录像、设备运行记录、设备维修记录、监控设施检查记录等。有特殊存档要求的车辆，需按生态环境主管部门要求留存相关凭证。

148. 篡改检验数据，出具虚假检验报告通常包括哪些情况？

①篡改排放检验数据；

②篡改受检车辆的重要信息资料；

③篡改相关参数并影响排放检验结果；

④检测过程中出现可见黑烟或明显烧机油，仍出具合格检验报告。

149. 哪些情况属于逃避监管或抗拒检查？

①不在规定的摄像监控区域范围内进行排放检验；

②在检验时故意遮挡摄像头，使摄像监控不能全程有效监控检验过程；

③不配合生态环境主管部门的检查。

150. 检验数据不符合逻辑的情况包括哪些？

①双怠速法检测过程中怠速转速不符合逻辑；

②稳态工况法中 CO_2 与 O_2 浓度之间无明显逻辑关系；

③自由加速过程中加速时间不符合逻辑；

④加载减速法过程数据中，功率扫描的最大功率与测试点功率无逻辑关系。

附录

FULU

附录 1：典型案例

案例 1　使用 OBD 故障码屏蔽器

【案情简介】

2024 年 7 月，根据群众信访举报，绵阳市生态环境局、市场监督管理局联合对绵阳市某机动车检验机构进行突击检查发现，该机构近期检测的部分车辆发动机控制单元 CALID 代码初检、复检不一致，且不同车辆、不同发动机型号的车辆复检合格报告上载明的 CALID 代码雷同，疑似使用了 OBD 故障码屏蔽器。进一步调查后发现，该机构使用 OBD 故障码屏蔽器对 13 辆机动车进行排放检验，导致不合格车辆通过了排放检验。

【查处情况】

2024 年 8 月，根据《中华人民共和国大气污染防治法》第五十四条第一款、第一百一十二条第一款的相关规定，绵阳市生态环境局对该机构作出处罚决定：罚款 24.25 万元，没收违法所得 2 600 元。

案例 2　利用作弊软件干扰计算机数据检测系统

【案情简介】

2024 年 7 月，牡丹江市生态环境局执法人员通过机动车排污监控平台对宁安市 6 家机动车检测机构的机动车环保检测报告单进行抽样筛查，逐项分析数据。执法人员发现某机动车检测有限公司合格率为 97.58%，通过率过高，检测报告中尾气排放 3 项污染物检测数值普遍偏低，并多次出现污染物未检出情况，涉嫌采用非法手段干扰机动车检测数据，出具虚假检测报告。牡丹江市生态环境局执法人员立即使用无人机侦查、第三方司法鉴定等手段，查明该检测机构利用作弊软件，在尾气采集数据进入设备串口前，通过按钮操控，调整尾气检测的数据，并将调整后的虚假检测数据传回检测电脑的串口。牡丹江市生态环境局立即联合公安机关开展侦办，最终牡丹江市公安机关以“破坏计算机信息系统”为由对该检测机构现场负责人、现场操作人员等 7 人采取强制措施调查取证，正式立案侦查。

【查处情况】

本案中机动车检测机构利用软件干扰计算机数据检测系统，出具虚假检测报告。根据《中华人民共和国刑法》第二百八十六条及《最高人民法院 最高人民检察院关于办理环境污染刑事案件适用法律若干问题的解释》第十一条的规定，该机动车检测机构涉嫌破坏计算机信息系统罪，公安机关已对该机动车检测机构直接责任人田某某、马某某、关某、外挂软件提供人田某某4人实施批捕。

案例3 利用外挂软件篡改数据

【案情简介】

根据群众举报线索，2023年4月27日，南宁市生态环境局执法人员对广西某机动车检测服务有限公司开展现场检查，发现该公司机动车环保检测线电脑操作系统内，有某外挂软件运行记录。执法人员依法对该公司环保检测线操作间内的一个U盘及一台工位机主机实施了扣押，并委托广西某司法鉴定所进行司法鉴定。结果表明：上述U盘及主机自2022年1月3日起曾运行某外挂软件247次，运行后可实现对检测程序内存数据的修改。

结合该公司上传至南宁市机动车排放检验信息监控系统的机动车排放检验过程数据及视频分析发现，自2022年1月—2023年4月，共有274辆机动车的检测数据异常，包括缺少检测过程数据、检测时HC、CO、NO_x的检测值恒值或短时间陡降、OBD检查数据中记录的车架号与上传信息不一致等。上述数据异常不符合《汽车排放定期检验信息采集传输技术规范》（HJ 1238—2021）、《汽油车污染物排放限值及测量方法（双怠速法及简易工况法）》（GB 18285—2018）等要求，但该公司仍为相关车辆出具了合格的尾气排放检验报告。

经进一步调查，为提高车辆检测的通过率，吸引更多的车辆到该公司检测，增加公司检测费的收入，该公司环保检测线技术员李某某在检测过程中擅自使用外挂软件对检测数据进行修改，为274辆车出具了虚假的尾气排放检验报告，违法所得共计1.644万元。

【查处情况】

广西某机动车检测服务有限公司的上述行为，依据《中华人民共和国刑法》第二百八十六条第一款和《最高人民法院 最高人民检察院关于办理危害计算机信息系统安全刑事案件应用法律若干问题的解释》（法释〔2011〕19号）第四条第三项的规定，涉嫌构成破坏计算机信息系统罪。2023年9月15日，南宁市生态环境局依法将案件移送公安机关，公安机关于2023年9月23日作出立案决定。

案例4 利用作弊器篡改车辆OBD信息

【案情简介】

2024年8月15日，广西壮族自治区生态环境厅执法局与崇左市环境执法支队执法人员在联合执法中发现，广西壮族自治区扶绥县某机动车检测服务有限公司混合检测线综合操作室内OBD诊断仪上连接着一个黑色电子仪器。执法人员与崇左市机动车尾气排放监管中心对该黑色电子仪器进行了5次功能性试验发现，连接黑色电子仪器对车辆进行检测时，OBD诊断仪读取的车辆CALID与CVN信息与未连接黑色电子仪器时读取出的原始信息不一致，但与该公司之前出具的多份其他品牌类型车辆尾气排放检测报告中CALID与CVN信息相同。执法人员确定该黑色电子仪器具有篡改OBD控制单元标定验证码CALID/CVN、使待检车辆OBD检测项目合格的功能。通过调阅视频监控发现，该公司检测人员多次在对不同车辆尾气排放检测过程中使用了黑色电子仪器，出具的检测报告中CALID与CVN信息均完全相同。为查明违法事实并防止证据灭失，执法人员随即对黑色电子仪器、检测报告、视频监控硬盘等涉案物品分别采取了证据先行登记保存和扣押等措施，并商请崇左市公安局治安支队协助提取有关电子证据。最终查明，2024年4—8月，该公司使用黑色电子设备对待检车辆检测数据进行篡改并出具检测报告1 036份，违法所得高达12.432万元。

【查处情况】

扶绥县某机动车检测服务有限公司的上述行为，依据《中华人民共和国刑法》第二百八十六条第一款、《最高人民法院 最高人民检察院关于办理危害计算机信息系统安全刑事案件应用法律若干问题的解释》（法释〔2011〕19号）第四条第三项的规定，涉嫌构成破坏计算机信息系统罪。2024年8月28日，崇左市生态环境局将该案移送崇左市公安局。扶绥县公安局于2024年8月31日立案。

案例 5　不检验直接出具检验报告

【案情简介】

2022 年 11 月，赣州市南康生态环境局执法人员对赣州市南康区安驰机动车检测有限公司进行现场检查，通过调阅现场视频监控发现，该公司 2022 年 11 月 4 日 10 时 29 分至 10 时 49 分，环保检测线上共检测了 2 辆机动车，但该时间段出具了 3 辆机动车的尾气检测合格报告。经调查取证，车牌号为赣 B3××1 的车辆在未上线检测的情况下出具了机动车排气污染物合格检测报告。

【查处情况】

该公司的上述行为违反了《中华人民共和国大气污染防治法》第五十四条第一款“机动车排放检验机构应当依法通过计量认证，使用经依法检定合格的机动车排放检验设备，按照国务院生态环境主管部门制定的规范，对机动车进行排放检验，并与生态环境主管部门联网，实现检验数据实时共享。机动车排放检验机构及其负责人对检验数据的真实性和准确性负责”的规定。2022 年 12 月 30 日，赣州市生态环境局依据《中华人民共和国大气污染防治法》第一百一十二条第一款和江西省生态环境厅印发的《江西省环境保护行政处罚自由裁量权细化标准》的规定，对该公司处以罚款 11 万元，依法没收违法所得 450 元。

案例 6　替车检验

【案情简介】

2024 年 6 月 3—7 日，安庆市生态环境执法人员利用安庆市机动车排放监管平台进行网上巡查，发现宿松县华联机动车检测有限公司在环保检测操作时，疑似存在替代检测车辆的行为。经研判，安庆市生态环境局决定立案查处。6 月 12 日，生态环境执法人员对该公司开展现场检查，通过调阅历史视频影像、查验检验报告、调查询问相关人员，查明该公司于 2024 年 3 月 7 日—6 月 11 日，在对车牌为皖 HP×××E、皖 HP×××9 等 12 辆机动车进行尾气排放检验时，采用替代检测车辆的方式，违规出具合格排放检验报告。

【查处情况】

该公司的上述行为违反了《中华人民共和国大气污染防治法》第五十四条

第一款的规定，安庆市生态环境局依据《中华人民共和国大气污染防治法》第一百一十二条第一款的规定，结合《安徽省生态环境行政处罚裁量基准规定》，于 2024 年 7 月 29 日作出行政处罚决定，对该公司处 31 万元罚款，没收违法所得 960 元。

案例 7　冒黑烟出具虚假报告

【案情简介】

2024 年 7 月 22 日，哈尔滨市平房生态环境局执法人员通过机动车排放检测信息平台对某机动车检测有限公司进行非现场检查时发现，该公司 2 辆柴油货车在检测过程中转速数据大幅超过额定转速 3 500 转，尾气排放有明显可见黑烟，但该公司出具的报告单检验合格，平房区生态环境局执法人员立即赶到现场进行核查。

经查，该检测公司出具的报告单不符合《机动车排放定期检验规范》（HJ 1237—2021）和《柴油车污染物排放限值及测量方法（自由加速法及加载减速法）》（GB 3847—2018）的要求，涉嫌出具虚假排放检验报告。

【查处情况】

该检测公司违反了《中华人民共和国大气污染防治法》第五十四条第一款的规定，依据《中华人民共和国大气污染防治法》第一百一十二条第一款的规定，并结合行政处罚裁量基准，没收该公司违法所得 100 元，处以罚金 12.6 万元。

案例 8　未采用国家规定的排放检验方法进行检验

【案情简介】

2024 年 8 月 2 日，宣城市宣州区生态环境执法人员对宣城市顺通机动车检测有限公司开展执法检查，通过调取历史视频影像和调查询问相关人员，发现该公司于 2024 年 4 月 24 日、5 月 14 日，使用双怠速法对车牌为皖 P1×××9、皖 PV×××9 的轻型燃油车（无 OBD）开展排气污染物检测时，仅使用转速检测仪对发动机转速进行检测，未按照《汽油车污染物排放限值及测量方法（双怠速法及简易工况法）》（GB 18285—2018）的规定，使用油温传感器对发动机润滑油温度进行检测，并违规出具合格排放检验报告。

【查处情况】

该公司的上述行为违反了《中华人民共和国大气污染防治法》第五十四条第一款的规定，宣城市生态环境局依据《中华人民共和国大气污染防治法》第一百一十二条第一款的规定，结合《安徽省生态环境行政处罚裁量基准规定》，于2024年9月25日作出行政处罚决定，对该公司处12万元罚款，没收违法所得200元。

案例9 降低检验标准、放宽检验方法

【案情简介】

2023年4月，成都市生态环境局对上级交办问题线索调查发现，该机构对9辆柴油车进行排放检验时降低检验标准、放宽检验方法，本应使用加载减速法进行排放检验的却使用自由加速法。进一步调查后发现，该机构共对80余辆柴油车未按规定使用加载减速法检验，并且出具了合格检验报告。

【查处情况】

2023年9月，根据《中华人民共和国大气污染防治法》第五十四条第一款、第一百一十二条第一款的相关规定，成都市生态环境局对该机构作出处罚决定：罚款32万元、没收违法所得1.256万元。以上情况属于出具虚假检验报告违法情节严重的情形，按照部门协同工作机制，四川省生态环境厅将相关情况函送四川省市场监督管理局依法处理。

2024年4月，根据《检验检测机构监督管理办法》（国家市场监督管理总局令 第39号）第二十六条的相关规定，四川省市场监督管理局对该机构作出处罚决定：吊销检验资质。

案例10 取样探头插入深度不足400 mm

【案情简介】

2024年5月7日，大庆市生态环境执法人员联合技术保障中心，通过大庆市机动车排污监控平台对某汽车检测服务有限公司机动车尾气检测情况进行视频调阅后，开展现场检查、暗访工作。执法人员发现该公司在某车辆检测中，采样管探头插入汽车尾气管长度不足400 mm（目测约250 mm），检测方法不符合

《汽油车污染物排放限值及测量方法（双怠速法及简易工况法）》（GB 18285—2018）中 B.4.3 测试程序规定，但出具了合格的《在用车检验（测）报告》。

【查处情况】

该公司未按规范检验机动车且出具了虚假报告，其行为违反了《中华人民共和国大气污染防治法》第五十四条第一款的规定。依据《中华人民共和国大气污染防治法》第一百一十二条第一款的规定，责令该公司立即改正违法行为，没收违法所得 240 元，处 10 万元罚款。

案例 11　检验时不插入取样管

【案情简介】

2024 年 9 月，伊春市嘉荫县现场检查调取监控录像发现，某机动车检测有限公司在 2024 年 8 月 16 日 14 时 11 分至 15 时 15 分监控录像时间段，有 4 台车在尾气检测时，检测探头没有插入排气管中，但尾气数据上传平台车辆检测合格，该公司涉嫌伪造数据。

【查处情况】

该企业检测人员没有将检测探头插入排气管中，但尾气数据上传平台显示车辆检测为合格的行为，违反了《中华人民共和国大气污染防治法》第五十四条第一款的规定。依据《中华人民共和国大气污染防治法》第一百一十二条第一款的规定，参照《黑龙江省环保行政处罚裁量辅助决策系统》的要求，没收该企业非法所得 2 400 元，罚款 12.9 万元。

案例 12　双排气管车辆却单管取样

【案情简介】

2023 年 11 月 9 日，沈阳市生态环境综合行政执法人员根据冒黑烟车辆举报线索对沈阳某路机动车检测有限公司进行现场检查。通过调阅该企业车辆全过程检测录像，执法人员发现该企业在对辽 A××××8、辽 A××××5、辽 A××××6 3 台车实施检测时违规。上述车辆均为双排气管机动车，而该企业在使用双怠速法检测时，检测员未使用“Y 形”管获取两个排气管的检测数据，而仅对其中一个排气管进行取样检测，并出具了合格的《机动车排放检验报告》，执法人员对该企业检测数据和工况录像进行封存，对主要责任人进行调查询问，其对存在的违法行为供认不讳。

【查处情况】

该公司的上述行为违反了《中华人民共和国大气污染防治法》第五十四条第一款的规定，依据《中华人民共和国大气污染防治法》第一百一十二条第一款的规定，沈阳市生态环境局依法责令其改正违法行为，并依据行政处罚裁量有关规定，处 23 万元罚款，没收违法所得。

案例 13　人为跳过 OBD 检测

【案情简介】

2024 年 10 月 22 日，伊春市丰林生态环境局在对某机动车检测有限公司出具的合格报告抽查中发现，经该检测机构检验的 3 台汽油车检验报告中 OBD 检测项为空白，且 3 台车出厂日期在 2011 年 7 月后，在未对 OBD 检测的情况下，该机动车检测机构直接出具了合格报告。执法人员通过调取该检测机构的视频监控还发现，2024 年 8 月 10 日，该检测机构在对某五菱牌车辆检测时，未将 OBD 检测设备连接车辆，人为跳过 OBD 检测出具虚假合格检验报告。

【处理情况】

该检测机构未将机动车 OBD 检测设备连接车辆即开展检测，人为跳过 OBD 检测并出具虚假检验报告的行为，涉嫌违反《中华人民共和国大气污染防治法》第五十四条的规定，依据《中华人民共和国大气污染防治法》第一百一十二条第一款的规定，对该公司处 12 万元罚款，没收违法所得。

案例 14　擅自降低车辆额定功率

【案情简介】

2024 年 7 月 15 日，大连市瓦房店生态环境综合行政执法人员接到上级转交问题线索，立即对瓦房店某机动车检测有限公司开展现场核查。通过调取检验报告、过程数据和检测照片，发现该机构在对辽 B××××L 使用加载减速法检测过程中，通过擅自降低车辆额定功率的方式，降低最大轮边功率限值，使车辆顺利通过环保排放检验，并出具了合格的检测报告。

【查处情况】

该公司的上述行为违反了《中华人民共和国大气污染防治法》第五十四条第一款的规定，依据《中华人民共和国大气污染防治法》第一百一十二条第一款的规定，大连市生态环境局依法责令其改正违法行为，并依据行政处罚裁量有关规定，对其处 10 万元罚款，没收违法所得。

案例 15　人为篡改、伪造检验报告

【案情简介】

2024 年 3 月，四川省生态环境厅通过大数据分析发现，德阳市某机动车检验机构上传环保检测监管系统的大量机动车检验记录仅有排放检验不合格记录，无维修记录和复检合格记录。与四川省公安厅机动车安检数据比对后发现，以上机动车在该机构通过了安检。随后，省生态环境厅、省公安厅联合德阳市生态环境局对该机构进行突击检查。检查发现，该机构工作人员先使用图像编辑软件将 43 辆排放检验不合格报告篡改为合格报告，再拍照上传至机动车安检监管系统以骗取机动车安检合格标志。

【查处情况】

2024 年 7 月，根据《中华人民共和国大气污染防治法》第五十四条第一款、第一百一十二条第一款的相关规定，德阳市生态环境局对该机构作出处罚决定：罚款 30 万元、没收违法所得 1 960 元。以上情况属于出具虚假检验报告违法情节严重的情形，按照部门协同工作机制，四川省生态环境厅将相关情况函送四川省市场监督管理局依法处理。

案例 16　破坏计算机信息系统

【案情简介】

2024 年 8 月，贵港市生态环境局执法人员通过贵港市机动车排气污染防治信息系统开展非现场检查发现，平南县某机动车检测公司出具的多份检测报告中载明的车辆品牌、发动机型号不同，但 OBD 读取控制单元数据相同，与实际情况不符。执法人员立即对该公司进行现场检查。

经查，该公司 1# 检测线操作室内存放有 2 台可疑 OBD 设备，用于检测的

手机上安装有配套软件，通过蓝牙连接后，可在手机上选择模拟、汽油、柴油和自动驾驶等模式，并可手动设置车速、转速、VIN 等车辆检测信息。执法人员使用 3 辆不同品牌型号的车进行测试，使用可疑 OBD 设备及配套软件之后，3 辆车测出的 OBD 读取控制单元参数 CALID 均一致。通过查阅梳理该公司上传至贵港市机动车排气污染防治信息系统的信息数据发现，2022 年 4 月以来，该公司使用可疑 OBD 设备及配套软件伪造检测数据并出具虚假检测报告 2 187 份，违法所得共计 10.872 5 万元。

【查处情况】

平南县某机动车检测公司的上述行为，违反了《中华人民共和国大气污染防治法》第五十五条第三款的规定，依据《中华人民共和国刑法》第二百八十六条第一款、《最高人民法院　最高人民检察院关于办理危害计算机信息系统安全刑事案件应用法律若干问题的解释》（法释〔2011〕19 号）第四条第三项的规定，涉嫌构成破坏计算机信息系统罪。2024 年 8 月 29 日，贵港市生态环境局将该案移送至公安机关，公安机关于 2024 年 8 月 30 日作出立案侦查决定。

案例 17　故意遮挡摄像头

【案情简介】

2021 年 4 月 20 日，机动车检测平台联网数据显示南通某汽车检测有限公司车辆检测过程存在异常线索。4 月 27 日，执法人员对该单位进行现场检查，发现该单位存在以下违法行为：该单位对部分货车进行检测时，中间摄像头未按要求正常使用，副驾驶车门开启遮挡前置摄像头，导致采样检测过程无法清楚记录。上述行为不符合《柴油车污染物排放限值及测量方法（自由加速法及加载减速法）》（GB 3847—2018）中的数据记录、保存和报送要求之“检验机构应向生态环境主管部门实时传输检验信息”的要求。

【查处情况】

违法当事人违反了《江苏省机动车排气污染防治条例》第二十一条第一款第一项的规定。依据《江苏省机动车排气污染防治条例》第三十七条第一款第一项的规定，经案审会讨论研究决定对该公司下达行政处罚决定书，没收违法所得 910 元，罚款 2.66 万元。

案例 18　未通过计量认证出具检验报告

【案情简介】

2024 年 4 月 22 日、29 日，亳州高新技术产业开发区生态环境分局执法人员对亳州市中运机动车检测有限公司进行执法检查，通过调阅亳州市机动车环保检验信息系统数据库信息和视频监控影像资料，发现该公司于 2024 年 3 月 15—27 日，使用既未通过计量认证，也未经过校准的零点标准气体发生器（编号：2300518）分别在 1# 重型柴油车检测线对皖 SD×××2 等 10 辆机动车进行排放检测，2# 轻柴混合检测线对皖 SM×××3 等 34 辆机动车进行排放检测，3# 汽油检测线对皖 SL×××9 等 16 辆机动车进行排放检测，违规出具合格排放检验报告。该公司未按照《机动车排放定期检验规范》（HJ 1237—2021）中 6.3 的要求对机动车进行排放检验。

【查处情况】

该公司的上述行为违反了《中华人民共和国大气污染防治法》第五十四条第一款的规定，亳州市生态环境局依据《中华人民共和国大气污染防治法》第一百一十二条第一款的规定，结合《安徽省生态环境行政处罚裁量基准规定》，于 2024 年 7 月 29 日作出行政处罚决定，对该公司处 27 万元罚款，没收违法所得 3 000 元。2024 年 8 月 29 日，亳州市生态环境局将该案件移交亳州市市场监督管理局依法调查处理。

附录 2：机动车排放检验监督管理相关文件

关于印发《检验检测领域综合治理行动方案》的通知

（国市监检测发〔2024〕80 号）

各省、自治区、直辖市和新疆生产建设兵团市场监管局（厅、委）、公安厅（局）、生态环境厅（局）、住房城乡建设厅（委、管委）、交通运输厅（局、委）：

现将《检验检测领域综合治理行动方案》印发你们，请结合实际认真贯彻落实。

市场监管总局

公安部

生态环境部

住房城乡建设部

交通运输部

2024 年 8 月 13 日

检验检测领域综合治理行动方案

检验检测是质量基础设施的重要组成部分，是市场经济条件下加强质量管理、提高市场效率的基础性制度，为深入贯彻落实党中央、国务院决策部署，加快解决当前检验检测领域存在的突出问题，持续推进检验检测市场环境优化改善，全面提升检验检测供给水平和服务成效，制定本行动方案。

一、总体要求

以习近平新时代中国特色社会主义思想为指导，全面贯彻落实党的二十大精神，完整、准确、全面贯彻新发展理念，围绕构建新发展格局、培育新质生产力，着力整治检验检测行业风气、市场秩序、服务水平、监管效能等方面存在的突出问题，切实维护检验检测工作的公信力和有效性，促进行业健康有序发展。

二、严惩弄虚作假，深化重点领域违法违规整治

各地各部门要在前期已开展整治工作的基础上，结合职责分工，聚焦食品、特种设备、交通、建筑、环境等“舌尖上”“车轮上”“屋檐下”的检验检测弄虚作假、违规经营、吃拿卡要等突出问题，开展为期5个月的专项整治“回头看”。对故意出具不实、虚假报告等严重违法违规行为，一经查实，一律从严从重惩处；该撤销、吊销相关资质的，坚决依法依规撤销、吊销；涉嫌犯罪的，坚决移送司法机关依法追究刑事责任。

（一）深入开展食品安全和产品质量检验专项整治。各地市场监管部门要以婴幼儿配方食品、饮料、速冻食品、水产制品和儿童用品、建筑保温材料、珠宝玉石、化肥、农用薄膜、电动自行车及蓄电池等群众关注度高、潜在风险隐患较多的食品或产品，以及近三年承担过监管部门抽查、监测与复检工作的检验机构为重点，依法严查未经检验检测出具报告，擅自调换检验样品，伪造、变造原始数据、记录，减少、遗漏或者变更标准等规定的应当检验检测的项目，以及违反国家有关强制性规定的检验检测规程或者方法等违法违规行为。同时，持续加强线上线下检验检测市场协同监管，推动网络平台检验检测活动治理。

（二）深入开展特种设备检验检测专项整治。各地市场监管部门要依据《特种设备安全法》《特种设备安全监察条例》等规定，以气瓶检验机构、锅炉检验检测机构、电梯检验检测机构、开展燃气压力管道和相关压力容器检验的检验机构为重点，加强检验检测方案、报告抽查和检验检测现场检查，依法严肃查处未按安全技术规范检验、违规减少检验项目、使用无证人员检验、出具严重失实或虚假报告等违法违规行为，情节严重的，吊销机构资质和有关人员的资格。

（三）深入开展机动车检验专项整治。各地市场监管部门要联合公安、生态环境、交通运输等部门依据《道路交通安全法》《大气污染防治法》《道路交通安全法实施条例》《检验检测机构监督管理办法》《机动车登记规定》《道路运输车辆技术管理规定》等规定，联合开展机动车检验机构及常压液体危险货物罐体检验机构监督检查，加强实时视频监控巡查和异常业务数据分析研判，及时预警违规行为，严格倒查问责，依法严厉打击替检代检、未经检测出报告、减少检验项目或降低检验标准、篡改检验数据、出具虚假检验报告、不符合机动车排放

定期检验规范等违法违规行为。对查实机动车检验机构使用作弊软硬件、出具虚假检验检测报告的，由公安、生态环境部门依法处罚并停止采信数据结果，移送市场监管部门依法取消或撤销资质。涉嫌构成提供虚假证明文件、非法侵入计算机信息系统等犯罪的，移送司法机关依法追究刑事责任。

（四）深入开展建设工程质量检测专项整治。各地住房城乡建设主管部门要通过“双随机、一公开”等方式，对检测机构场所、人员、设备、质量保障体系等资质条件进行动态核查。检测机构不再符合相应资质标准的，应当责令限期整改并向社会公开。加强工程质量检测活动监督检查，将检测合同、检测报告、检测数据溯源情况等纳入检查范围，依法严厉查处转包、违法分包、挂靠资质承揽业务、违规减少检测点位、压减检测环节、更换检测材料、出具虚假检测报告等违法违规行为。

（五）深入开展生态环境检验检测专项整治。各地市场监管、生态环境部门要依据《标准化法》《环境保护法》《检验检测机构监督管理办法》《环境监测数据弄虚作假行为判定及处理办法》及地方性法规等规定，联合对生态环境检验检测机构实施重点监管，严厉查处未经检验检测出具监测数据、篡改伪造监测数据和报告、未按规定采样等严重违法违规行为。对弄虚作假，出具不实、虚假检验检测报告的，依据相关法律法规实施处罚，并实施停止采信监测数据结果等失信联合惩戒措施。发现现场监测设备质量不合格、预置接口以便篡改数据等情况，要对相关监测设备生产厂家进行延伸检查，或将有关案件线索及时通报属地监管部门。涉嫌构成提供虚假证明文件、破坏计算机信息系统、出具证明文件重大失实等犯罪的，移送司法机构依法追究刑事责任。

各地可结合实际，确定本地区的整治重点，有针对性、有重点地开展整治工作。

三、促进公平竞争，破除市场分割和地方保护

（六）加强排除、限制竞争政策措施的常态化清理。加强检验检测领域公平竞争审查工作，防止出台设置不合理或者歧视性的准入和退出条件，排斥、限制外地检验检测机构进入本地市场的政策措施。严肃查处利用行政权力限定或者变相限定单位或者个人到指定机构检测等滥用行政权力排除、限制竞争违法行为。

（七）着力推动检验检测结果互认互信。结合实际积极探索开展跨区域跨领

域交叉执法检查，通过互派检查组专家等方式，开展检验检测机构监督抽查互查，推动监管工作交流，实现监管资源互补。围绕社会关注、群众关切，在食品、生态环境等领域推动开展跨区域检验检测机构能力验证活动，促进检验检测数据和结果互认。完善食品安全和产品质量抽检监测信息通报机制，推动政府间数据共享。

四、聚焦“急难愁盼”，办好利企惠民实事

（八）加大民生领域抽检力度。结合实际科学制定抽查计划，加大涉及民生领域的食品、消费品、特种设备产品等抽查比例，统筹采取随机抽查、重点抽查等不同抽查模式，突出全国联动抽查，提升抽查结果告知、公示等后处理质效，推进实现抽查一类产品、整顿一个领域、提升一个行业，着力营造安全放心消费环境。结合实际持续开展食品安全“你点我检”进校园、进社区、进农村、进市场等活动，全方位、多角度向群众科普食品安全知识，引导全社会共同关注、共同参与、共同守护食品安全。

（九）切实保障群众权益。进一步畅通咨询、投诉、举报渠道，方便消费者在线咨询、投诉、举报。完善检验检测机构资质认定等信息查询平台，鼓励社会公众和消费者对检验检测机构进行信息查询和监督。结合“全国检验检测机构开放日”等重要活动，积极提供实验室开放、科普宣传、便民检测、技术培训等服务，增进社会对检验检测行业的了解信任。

（十）减轻企业送检负担。推动检验检测机构持续优化服务，完善服务机制和管理流程，规范服务协议订立和业务宣传。推进检验检测促进产业优化升级行动，倡导有条件的检验检测机构对中小微企业和个体工商户适当减免检测费用。持续优化全国认证认可信息公共服务平台，鼓励有条件的地区加强检验检测公共服务平台建设，逐步实现检验检测在线查询、委托下单、物流送样、费用支付、自助开票、报告下载等功能，让产品检验检测实现“一次不跑、事事办好”。

（十一）持续改进政务服务。加强相关政务服务窗口制度建设和规范化建设，完善人员管理规范。落实“一网通办”要求，健全网上咨询、申报、审批服务等流程，确保企业和群众网上办事流程清晰、操作便捷、沟通顺畅，推行当场办结、一次办结、限时办结。要以审批智能化、服务自助化、办事移动化为重点，深入推进数字政务服务建设，加快实现检验检测政务服务事项“网上办”“掌上办”。

五、紧盯“吃拿卡要”，整顿行业不正之风

（十二）严格规范监管执法。全面推进“双随机、一公开”监管，避免随意检查、多头检查、重复检查，切实减少对经营主体正常生产经营活动的干预。推进行政监管执法公示、执法全程记录和重大监管执法集体决定在检验检测监管领域落地见效，严禁任性执法、简单粗暴、以检代管、以罚代管，严禁办关系案、人情案、金钱案，严禁利用监管权、执法权向企业和服务对象吃拿卡要、索贿受贿或参加可能影响公正执行公务的各种消费活动，推动实现“阳光监管”。

（十三）强化许可评审监督。全面推进检验检测行政许可事项清单管理，规范许可条件、优化许可程序、提高许可效率。建立技术评审闭环监督机制，加强评审质量监督抽查，严肃查处各类违反公正性、廉洁性的评审行为，坚决纠正评审不正之风。涉及违规收受礼品、礼金、接受宴请等行为的发现一起、查处一起，公开通报、终生禁用。

（十四）督促机构合规经营。围绕落实检验检测机构经营主体责任，按照“谁出证（数）、谁负责”的原则要求，督促检验检测机构落实最高管理者、技术负责人、报告授权签字人等关键岗位人员职责，加强质量管理体系建设和检验检测过程管理，保证真实、客观、准确、完整地出具检验检测报告，严守行业底线，依法合规诚信经营，严禁以虚假、不实检验行为降低经营成本。

（十五）推进行业自我约束。建立健全检验检测行业道德规范和职业道德准则，推动相关行业组织制定有检验检测行业特色的行规行约，规范会员单位和从业人员行为。引导行业协会商会合法合理收费，自觉提升收费的规范性和透明度。探索建立内部举报人等制度，鼓励同业监督。各地市场监管部门要组织开展市场监管系统所属相关行业组织谋取不正当利益调查，重点检查是否存在违规开展有偿服务活动、收取不正当费用，利用法定职责和行政机关委托、授权事项违规收费等行为。

六、完善行业治理，建立健全长效监管机制

（十六）完善政策法规与标准体系。结合相关地方检验检测立法工作经验，推动检验检测管理条例等立法研究。加强与相关法律制度的协调和衔接，优化完善检验检测机构经营运行、监督管理、资质认定、建设发展相关规章制度。与时俱进及时更新标准、细化检测方法等，更好适应市场发展需求。

（十七）建立健全联动机制。市场监管总局将会同各行业主管部门推动建立检验检测行业治理协调机制，完善部门间的线索通报、风险交流、联合执法等工作机制，加快建设全国统一大市场，精准治理薄弱环节，及时堵塞制度管理漏洞。各地各部门要以此次治理行动为契机，梳理各行业领域检验检测管理工作边界，科学界定事权，进一步厘清主体责任和监管责任，明确职责分工。

（十八）强化诚信体系建设。严格落实检验检测机构主体责任，鼓励检验检测机构通过向社会公开承诺、发布诚信声明、明示收费标准等方式接受社会监督，自觉抵制恶意低价竞争、无序竞争行为。加快推动检验检测机构行业监管及行政处罚信息归集纳入国家企业信用信息公示系统，推进检验检测机构信用分级分类监管，探索建立标准统一、权威准确的检验检测诚信档案，加强对严重违法失信从业机构的跨部门联合惩戒，推动实现“信用监管”。

七、强化组织保障

（十九）加强组织领导。各地各部门和有关单位要加强综合治理行动的组织领导，把治理工作抓实抓细、抓出成效。市场监管总局将会同相关部门对各地开展治理工作情况加强工作指导。

（二十）加强宣传引导。正确把握舆论导向，积极回应社会关切，合理引导社会预期，切实保障治理行动顺利实施。加强综合治理宣传工作，充分发挥各类媒体作用，加大违法失信曝光力度，开展典型事迹宣传，讲好检验检测故事，引导检验检测机构落实主体责任，加强全面质量管理，提升检验检测能力和服务水平。

（二十一）加强信息报送。各地各部门要及时总结梳理本地区本部门综合治理工作情况，并通过政务信息、工作汇报等方式，及时向当地党委政府和上级部门报告，切实提高信息报送的数量、质量和时效性。请各省（自治区、直辖市）市场监管局（厅、委）分别于 2024 年 9 月 20 日和 12 月 10 日前，将本地区综合治理行动工作进展情况和工作总结，包括基本情况、主要成效、经验做法、存在问题及原因分析、典型案例、工作意见和建议等内容，报送至市场监管总局认可检测司，大案要案和重要情况随时报送。

关于建立实施汽车排放检验与维护制度的通知

（环大气〔2020〕31号）

各省、自治区、直辖市、新疆生产建设兵团生态环境厅（局）、交通运输厅（局、委）、市场监督管理局（委、厅）：

为贯彻落实《中华人民共和国大气污染防治法》《打赢蓝天保卫战三年行动计划》《柴油货车污染治理攻坚战行动计划》有关要求，加快建立实施汽车排放检验与维护制度，防治在用汽车排放污染，助力打赢蓝天保卫战，现将有关事项通知如下。

一、充分认识建立汽车排放检验与维护制度的重要意义

当前，我国汽车超标排放、监管尚未形成闭环的问题依然突出，随着汽车保有量持续快速增长，汽车排放已经成为大气环境污染的重要来源之一。《打赢蓝天保卫战三年行动计划》《柴油货车污染治理攻坚战行动计划》明确要求全面建立实施汽车排放检验与维护制度。汽车排放检验与维护制度是指依法对在用汽车排放进行定期检验、监督抽测和维护修理，使汽车排放符合相关标准要求的管理制度，其事关打赢蓝天保卫战全局，事关大气环境污染治理取得实效，事关大气环境污染治理体系和治理能力的现代化。地方各级生态环境、交通运输、市场监管部门要统一思想，提高认识，强化组织协调，形成联防联控机制，推动构建汽车排放检验与维护闭环管理制度，有效推进超标排放汽车维护修理，减少汽车排气污染物排放。

二、落实汽车排放检验和汽车排放性能维护修理主体责任

地方各级生态环境、市场监管部门要督促指导汽车排放检验机构依法落实汽车排放检验主体责任。汽车排放检验机构应当依法通过资质认定（计量认证），使用经依法检定合格或校准的排放检验设备，按照相关规范进行排放检验，并与生态环境部门联网，实现检验数据实时共享。要严格实施《汽油车污染物排放限值及测量方法（双怠速法及简易工况法）》（GB 18285—2018）和《柴油车污染物排放限值及测量方法（自由加速法及加载减速法）》（GB 3847—2018）等检验标准，除无法手动切换两驱模式的全时及适时四驱车型，因适用特殊技术或存在安全隐患无法上线检测的车型，以及执法检查等特殊情况使用双怠速法和自由加速法外，要全面按标准使用简易工况法、加载减速法。汽车排放检验机构及其负责人对检验数据的真实性和准确性负责。地方各级生态环境部门要通过互联网、

移动通信端等便于公众获取的方式公布本行政区域汽车排放检验机构的信息并及时更新。汽车排放检验机构要在办事大厅、休息区醒目位置张贴本地区可维护修理单位信息，便于车主联系和送修。

地方各级交通运输部门要依法依规监督指导汽车排放维护修理工作。取得汽车维修经营备案的一、二类汽车维修企业和从事发动机维修的三类汽车维修企业，可作为汽车排放性能维护（维修）站。各级交通运输部门应当在网站公示本行政区域内汽车排放性能维护（维修）站名录和联系方式。汽车排放性能维护（维修）站应按照《机动车维修管理规定》、有关技术标准规范、汽车生产（含进口）企业公开的维修技术信息、机动车排放检验报告单及车载排放诊断系统记载信息等，对超标排放车辆进行科学诊断和合理维护修理。完成排放超标维护修理后，要按照规定向托修方交付维修结算清单，并通过汽车维修电子健康档案系统将汽车排放维护修理信息及时上传到当地交通运输部门，并注明是超标排放维护车辆。对于属于二级维护、总成修理、整车修理作业的车辆，维护修理完成并维修竣工质量检验合格的，应签发《机动车维修竣工出厂合格证》。超标排放汽车经诊断后确实无法修复的或维护修理后仍然无法达到规定排放标准的，应如实告知托修方，由托修方决定是否继续维护修理。

地方交通运输部门可以根据工作实际，按照公开公平公正的原则，遴选一定比例制度完善、技术公认、维修质量信誉考核等级在AA及以上、群众满意度高的汽车排放性能维护（维修）站作为汽车排放性能维护（维修）技术示范站。技术示范站应挂牌运营，发挥汽车排放污染维护修理技术示范作用，并主动接受社会监督。汽车排放性能维护（维修）站及其技术示范站均应重视和持续加强排放超标汽车诊断和维护修理能力建设，加大技术投入和人员培训，稳定提升超标排放汽车维护修理技术。

三、实施汽车排放检验、维护和违法处罚联动管理

各省级生态环境、交通运输部门应通过信息闭环管理来实现汽车排放检验与维护制度联动，以及对超标排放汽车的闭环管理。超标排放汽车的排放检验信息和维护修理信息，应分别按照生态环境部和交通运输部有关技术要求，通过汽车排放检验信息系统和汽车维修电子健康档案系统上传至各自省级系统，并通过两省级系统实现数据交互，按规定制度作出处理。具备条件的地市可以通过地市级

相关系统实现闭环管理，并将数据上传至省级系统。

对超标排放汽车，汽车排放检验机构应通过书面告知（告知书式样见附件）、手机短信等方式通知汽车所有人或使用人到汽车排放性能维护（维修）站维护修理。汽车排放检验机构应积极为复检车辆提供预约服务、开辟绿色通道、实行检测费优惠等便利措施。超标排放汽车到汽车排放检验机构复检的，汽车排放检验机构应通过系统查询其维护修理记录作为复检凭证。暂不具备信息化条件的地区，汽车排放检验信息系统和汽车维修电子健康档案系统实现联网前，可以将维修结算清单或者《机动车维修竣工出厂合格证》作为复检凭证。汽车未经检验合格或未取得检验合格标志上路行驶的，应当依法进行处罚。在用机动车排放大气污染物超过标准的，应当进行维修；经维修或者采用污染控制技术后，大气污染物排放仍不符合国家在用机动车排放标准的，应当强制报废。其所有人应当将机动车交售给报废机动车回收拆解企业，由报废机动车回收拆解企业按照国家有关规定进行登记、拆解、销毁等处理。

四、强化汽车排放检验与维护的监督管理

地方各级生态环境部门要会同交通运输、公安交管、市场监管部门完善监管执法模式。推行生态环境部门检测取证、公安交管部门实施处罚、交通运输部门监督维修、市场监管部门监督检测的联合监管执法模式。地方各级生态环境部门和市场监管部门要依法加强汽车排放检验机构的监督检查，可采取现场随机抽检、排放检测比对、远程监控排查等方式，强化对排放检验机构的监管。对于异地登记车辆排放检验比较集中、排放检验合格率异常的排放检验机构，应作为重点对象加强监管。严厉打击排放检验机构伪造检验结果、出具虚假报告、屏蔽或者修改车辆环保监控参数等违法行为；对存在此类违法行为的检验机构，一经查实，生态环境部门暂停网络联接和检验报告打印功能，依法予以严格处罚并公开曝光。同时将相关违法违规行为通报市场监管部门，由市场监管部门依法处罚，并记入信用记录。

地方各级交通运输、生态环境部门应加强汽车排放性能维护（维修）站监督检查。地方各级交通运输部门要充分发挥汽车维修电子健康档案系统作用，提升行业数字化监管能力，规范汽车排放性能维护修理经营行为。对于不具备维护修理能力、用强制或者虚假信息诱导欺骗的方式向托修方违规搭售排放维护修理项目或配件装置、有意夸大配件装置性能或维修效果、群众举报投诉多的汽车排放性能维护（维修）站，要依法依规加强监管和处罚，规范净化汽车排放超标维护修理的市场秩序。对使用假冒伪劣配件维护修理、破坏汽车车载排放诊断系统、采用临时更换汽车污染控制装置等弄虚作假方式通过排放检验等行为，依据《中华人民共和国大气污染防治法》《中华人民共和国道路运输条例》有关规定予以处罚。对有关汽车排放性能维护（维修）技术示范站存在违法违规情形的，除按照上述规定要求处罚外，还应撤销其示范站称号，并向社会公告。

交通运输部牵头组建汽车排放检验与维护专家委员会，加强对汽车排放检验与维护工作的技术支持，开展相关政策标准研究评估，进行国际学术交流，推动行业技术水平提升。各省级生态环境、交通运输部门要研究建立汽车排放检验与维护相关争议调解机制，保障各相关方合法权益。

五、工作要求

加强组织领导。各省级生态环境、交通运输、市场监管部门要落实部门职责分工，建立健全定期会商、信息通报、联合监管等联防联控工作机制，加大资金投入和人员保障，确保汽车排放检验与维护制度扎实有效落地。重要情况及时报告生态环境部、交通运输部、市场监管总局。

加强政策宣传。各省级生态环境、交通运输、市场监管部门要积极开展政策宣传，通过互联网、报纸杂志、广播电视等多种渠道，开展专家解读、专题宣传活动，大力宣传汽车排放检验与维护制度要求、汽车所有人应履行汽车排放检验合格和出现问题及时维护修理的法律责任义务、违法违规处罚等内容，保障制度顺利实施。

提升专业技能。各省级生态环境、交通运输、市场监管部门应指导汽车排放检验、汽车维修行业建立健全从业人员培训制度，积极开展有关制度和专业技能培训，持续提升从业人员的专业技能和素质。鼓励汽车排放检验机构和汽车维护企业优先聘用具备专业学历或职业技能等级证书的人员。鼓励组织开展汽车排放诊断维护修理技术比武和技能竞赛。

附件：超标排放汽车维护修理告知书（式样）

生态环境部

交通运输部

市场监管总局

2020 年 6 月 19 日

附件

超标排放汽车维护修理告知书（式样）

编号：××××××××

本汽车排放检验机构于　　年　月　日按照规定程序和要求对送检车辆（车辆号牌号码：　　　　/车辆识别代号〔VIN码〕：　　　　　　）进行了污染物排放检验。经检验，该送检车辆的污染物排放超过了强制性国家标准□《汽油车污染物排放限值及测量方法（双怠速法及简易工况法）》（GB 18285—2018）/□《柴油车污染物排放限值及测量方法（自由加速法及加载加速法）》（GB 3847—2018）规定的在用□汽油车/□柴油车污染物排放限值要求。现向您进行告知，请尽快至任一家汽车排放性能维护（维修）站对该车辆进行维护修理。维护修理完成后，应持有效维护修理凭证进行复检。

《中华人民共和国大气污染防治法》第六十条规定，在用机动车排放大气污染物超过标准的，应当进行维修；经维修或者采用污染控制技术后，大气污染物排放仍不符合国家在用机动车排放标准的，应当强制报废。

汽车所有人/送检人　　　　　　汽车排放检验机构

签字：　　　　　　　　　　　　（盖章）：

年　月　日　　　　　　　　　　年　月　日

附注：本《告知书》一式两份，由汽车所有人和排放检验机构各执（存）一份。

进一步规范排放检验加强机动车环境监督管理工作的通知

（国环规大气〔2016〕2号）

各省、自治区、直辖市环境保护厅（局）、公安厅（局）、质量技术监督局（市场监督管理部门），各计划单列市、省会城市环境保护局、公安局、质量技术监督局（市场监督管理部门）：

为贯彻落实2015年8月29日全国人大常委会修订后的《大气污染防治法》（以下简称《大气法》），进一步规范机动车排放检验，推进黄标车和老旧车淘汰，加快提升机动车环境监督管理水平，现将有关要求通知如下：

一、总体要求

认真贯彻落实《大气法》，按照简政放权、放管结合、优化服务、便民惠民的要求，以降低机动车污染排放水平、改善环境质量为核心，严格实施国家机动车排放标准，全面推行机动车环保信息公开；严格规范新生产机动车和在用车排放检验，加快推进机动车排放检验信息联网；严格监管执法，加强对高排放车辆的环保达标监管，促进黄标车和老旧车淘汰，加快推进机动车环境管理的系统化、科学化、法治化、精细化和信息化。

二、有效衔接机动车排放检验和安全技术检验制度

（一）严格执行机动车排放检验制度。环境保护部门依照《大气法》建立并规范机动车排放检验制度，机动车生产企业和机动车所有人应当依法进行机动车排放检验。机动车排放检验机构应当严格落实机动车排放检验标准要求，并将排放检验数据和电子检验报告上传环保部门，出具由环保部门统一编码的排放检验报告。环保部门不再核发机动车环保检验合格标志。机动车安全技术检验机构将排放检验合格报告拍照后，通过机动车安全技术检验监管系统上传公安交管部门，对未经定期排放检验合格的机动车，不予出具安全技术检验合格证明。公安交管部门对无定期排放检验合格报告的机动车，不予核发安全技术检验合格标志。

（二）优化机动车排放和安全技术检验流程。环境保护、认证认可监管部门要加强协作，促进机动车检验机构空间布局优化、合理有序发展。鼓励机动车排放检验机构和安全技术检验机构设在同一地点，整合优化检验流程、共享检验信

息，提供一站式便民服务。检验机构要严格按照价格主管部门规定的收费标准收取检验费用，在业务大厅明显位置公示收费依据和标准，并在收费凭证上分别注明安全技术检验和排放检验收费金额。纯电动汽车免于尾气排放检验。

（三）加强排放检验信息联网核查。机动车排放检验周期应与机动车安全技术检验周期一致，免于安全检验上线检测的车辆不进行排放检验。环保部门要加快推进与机动车排放检验机构、公安交管部门信息联网，建立机动车排放检验信息核查机制。

（四）推行机动车排放异地检验。地市范围内机动车所有人可以自主选择检验机构检验，不得以城区、郊区、县市划分检验区域或者指定检验机构。推行机动车异地检验，在全省（区、市）范围内异地检验，无需办理委托手续。试行机动车跨省（区、市）异地检验，在已实现国家、省、市三级机动车排污监管平台联网的省份，允许机动车所有人在车辆所在地进行检验（黄标车除外）。

（五）大力推行便民检验服务。鼓励检验机构通过微信或短信平台、电话、网络等方式，开展预约检验业务，开设专门的预约检验通道、窗口，做到随到随检。机动车排放检验机构要完善服务指示标志、办事流程指南、大厅服务设施，设置引导指示标志，公示业务流程，增加免费导办人员，维护良好检测秩序，杜绝非法中介扰民行为。各地环保部门要通过政府网络平台向社会公布本地机动车排放检验机构名称、地址、咨询电话等相关信息，方便群众就近验车。

三、加强在用机动车环保监督管理

（六）加快淘汰黄标车和老旧车。各地环保部门要提请人民政府结合本地实际，出台鼓励、引导黄标车和老旧车提前报废更新政策措施，加大对国家鼓励淘汰和要求淘汰的黄标车和老旧车污染排放的监督管理力度，确保完成国家确定的年度淘汰工作任务，实现2017年底前基本淘汰黄标车。研究制定便民服务措施，采取提前告知、简化流程、开辟绿色通道等措施，方便车主淘汰黄标车和老旧车。

（七）强化在用机动车环保监督抽测工作。环保部门要在车辆集中停放地、维修地重点加强对货运车、公交车、出租车、长途客运车、旅游车等车辆的监督抽测工作。公安交管部门在不影响正常通行的情况下，要支持配合环保部门采用遥感监测等技术手段对在道路上行驶的机动车进行监督抽测。对监督抽测不合格的车辆，环保部门要通知车主予以改正并复检，及时公开逾期不复检车辆的车牌、车型等信息。公安交管部门要依法查处无安全技术检验合格标志机动车上道路行驶的违法行为。

（八）严格落实机动车强制报废标准规定。严格执行《机动车强制报废标准规定》，对达到国家强制报废规定的，一律按要求报废。各地公安交管部门要严格查处报废车辆上路行驶违法行为。对达到国家强制报废标准逾期不办理注销登记的机动车，公安交管部门应当及时公告机动车登记证书、号牌、行驶证作废。

四、强化机动车排放检验机构监督管理

（九）强化新生产机动车排放检验机构监督管理。环境保护部不再对新生产机动车排放污染申报检测机构进行核准。新生产机动车排放检验机构应当依法通过资质认定（计量认证），使用经依法检定合格的机动车排放检验设备，按照国家标准和规范进行排放检验，与环境保护部机动车排污监控中心联网，并在2016年底前实现新生产机动车排放检验信息和污染控制技术信息实时传送。

（十）推进在用车排放检验机构规范化联网。省级环保部门应按照《大气法》和国家有关规定，对在用车排放检验机构不再进行委托，对机构数量和布局不再控制。在用车排放检验机构申请与环保部门联网时，应向当地地级城市环保部门主动提交通过资质认定（计量认证）、设备依法检定合格的相关材料，地级城市环保部门对符合环境保护部机动车环保信息联网规范等要求的检验机构应予联网，并公开已联网的检验机构名单。

（十一）加强排放检验机构监督管理。环保部门可通过现场检查排放检验过程、审查原始检验记录或报告等资料、审核年度工作报告、组织检验能力比对实验、检测过程及数据联网监控等方式加强检验机构监管，推进检验机构规范化运营。认证认可监管部门应加强检验机构资质认定监督管理，重点加强技术能力有效维持以及管理体系有效性的监管，确保检验数据质量。环境保护和认证认可监管部门对排放检验机构实行“双随机、一公开”（随机抽取检查对象、随机选派执法检查人员、及时公开查处结果）的监管方式，依法严肃查处违法的排放检验机构。

（十二）强化排放检验机构主体责任。排放检验机构应按照《大气法》要求通过资质认定（计量认证），使用经依法检定或校准合格的设备，定期进行设备维护保养，按照相关规范标准进行机动车排放检验，对检验结果承担法律责任，接受社会监督和责任倒查。排放检验机构应对受检车辆的污染控制装置进行查验，重点加强营运车辆及重型柴油车环保配置查验。对伪造检验结果、出具虚假报告的检验机构，环保部门暂停网络联接和检验报告打印功能，并依照《大气法》有关条款予以处罚；违反资质认定相关规定的，认证认可监管部门依据资质认定有关规定对排放检验机构进行处罚，情节严重的撤销其资质认定证书。省市环保部门应将在用车排放检验机构守法情况纳入企业征信系统，并将有关情况向社会公开。

（十三）加强检验数据统计分析。各地环保部门应加强机动车排放检验数据分析，核查检验数据异常情况，分析查找原因。对于排放检验中发现的排放超标数量大、比例偏高的车型，地级城市环保部门应逐级上报。省级环保部门应视具体情况启动调查机制，确认该车型新生产车辆是否超标排放，依法进行处理，并报告环境保护部。

（十四）严格执行政府部门不准经办检验机构等企业的规定。要正确处理政府与市场的关系，全面推进排放检验机构社会化，严格执行党中央、国务院关于严禁党政机关和党政干部经商、办企业等规定。环保部门及其所属企事业单位、社会团体一律不得开办检验机构、参与检验机构经营。对已经开办、参与或者变相参与经营的，要立即停办、彻底脱钩或者退出投资、依法清退转让股份。

五、加快机动车环保监管能力和队伍建设

（十五）加强机动车环境监管能力建设。加快推进机动车环境管理机构标准化，提高机动车污染防治能力和水平。各省、自治区、直辖市以及大气污染防治重点城市环保部门，应按照《全国机动车环境管理能力建设标准》中关于机动车环境管理机构硬件设备标准和综合业务平台建设标准要求，逐步提高机动车污染防治监管水平。加大业务培训力度，提高监管执法人员业务技能。

（十六）加快推进全国机动车环保信息联网。各地环保部门要加快机动车环保信息联网建设工作进度，对在用车排放检验实施在线监控，实现检验数据实时传输、及时分析处理。2016 年底前，各排放检验机构应与环保部门实现数据联网，京津冀及周边地区、长三角、珠三角等重点区域要率先实现国家、省、市三级联网。2017 年底前，建成国家、省、市三级联网的机动车排污监控平台。

本通知自发布之日起实施，此前与本文件规定不符的以本文件为准。环境保护部《关于印发〈机动车环保检验管理规定〉的通知》（环发〔2013〕38号）同时废止。

环境保护部

公安部

国家认监委

2016年7月21日

抄送：有关新生产机动车排放检验机构。

环境保护部办公厅　　2016年7月25日印发

检验检测机构资质认定管理办法

（2015 年 4 月 9 日国家质量监督检验检疫总局令　第 163 号公布）

第一章　总　则

第一条　为了规范检验检测机构资质认定工作，优化准入程序，根据《中华人民共和国计量法》及其实施细则、《中华人民共和国认证认可条例》等法律、行政法规的规定，制定本办法。

第二条　本办法所称检验检测机构，是指依法成立，依据相关标准或者技术规范，利用仪器设备、环境设施等技术条件和专业技能，对产品或者法律法规规定的特定对象进行检验检测的专业技术组织。

本办法所称资质认定，是指市场监督管理部门依照法律、行政法规规定，对向社会出具具有证明作用的数据、结果的检验检测机构的基本条件和技术能力是否符合法定要求实施的评价许可。

第三条　在中华人民共和国境内对检验检测机构实施资质认定，应当遵守本办法。

法律、行政法规对检验检测机构资质认定另有规定的，依照其规定。

第四条　国家市场监督管理总局（以下简称市场监管总局）主管全国检验检测机构资质认定工作，并负责检验检测机构资质认定的统一管理、组织实施、综合协调工作。

省级市场监督管理部门负责本行政区域内检验检测机构的资质认定工作。

第五条　法律、行政法规规定应当取得资质认定的事项清单，由市场监管总局制定并公布，并根据法律、行政法规的调整实行动态管理。

第六条　市场监管总局依据国家有关法律法规和标准、技术规范的规定，制定检验检测机构资质认定基本规范、评审准则以及资质认定证书和标志的式样，并予以公布。

第七条　检验检测机构资质认定工作应当遵循统一规范、客观公正、科学准确、公平公开、便利高效的原则。

第二章　资质认定条件和程序

第八条　国务院有关部门以及相关行业主管部门依法成立的检验检测机构，

其资质认定由市场监管总局负责组织实施；其他检验检测机构的资质认定，由其所在行政区域的省级市场监督管理部门负责组织实施。

第九条 申请资质认定的检验检测机构应当符合以下条件：

（一）依法成立并能够承担相应法律责任的法人或者其他组织；

（二）具有与其从事检验检测活动相适应的检验检测技术人员和管理人员；

（三）具有固定的工作场所，工作环境满足检验检测要求；

（四）具备从事检验检测活动所必需的检验检测设备设施；

（五）具有并有效运行保证其检验检测活动独立、公正、科学、诚信的管理体系；

（六）符合有关法律法规或者标准、技术规范规定的特殊要求。

第十条 检验检测机构资质认定程序分为一般程序和告知承诺程序。除法律、行政法规或者国务院规定必须采用一般程序或者告知承诺程序的外，检验检测机构可以自主选择资质认定程序。

检验检测机构资质认定推行网上审批，有条件的市场监督管理部门可以颁发资质认定电子证书。

第十一条 检验检测机构资质认定一般程序：

（一）申请资质认定的检验检测机构（以下简称申请人），应当向市场监管总局或者省级市场监督管理部门（以下统称资质认定部门）提交书面申请和相关材料，并对其真实性负责。

（二）资质认定部门应当对申请人提交的申请和相关材料进行初审，自收到申请之日起 5 个工作日内作出受理或者不予受理的决定，并书面告知申请人。

（三）资质认定部门自受理申请之日起，应当在 30 个工作日内，依据检验检测机构资质认定基本规范、评审准则的要求，完成对申请人的技术评审。技术评审包括书面审查和现场评审（或者远程评审）。技术评审时间不计算在资质认定期限内，资质认定部门应当将技术评审时间告知申请人。由于申请人整改或者其他自身原因导致无法在规定时间内完成的情况除外。

（四）资质认定部门自收到技术评审结论之日起，应当在 10 个工作日内，作出是否准予许可的决定。准予许可的，自作出决定之日起 7 个工作日内，向申请人颁发资质认定证书。不予许可的，应当书面通知申请人，并说明理由。

第十二条 采用告知承诺程序实施资质认定的，按照市场监管总局有关规定执行。

资质认定部门作出许可决定前，申请人有合理理由的，可以撤回告知承诺申请。告知承诺申请撤回后，申请人再次提出申请的，应当按照一般程序办理。

第十三条 资质认定证书有效期为 6 年。

需要延续资质认定证书有效期的，应当在其有效期届满 3 个月前提出申请。

资质认定部门根据检验检测机构的申请事项、信用信息、分类监管等情况，采取书面审查、现场评审（或者远程评审）的方式进行技术评审，并作出是否准予延续的决定。

对上一许可周期内无违反市场监管法律、法规、规章行为的检验检测机构，资质认定部门可以采取书面审查方式，对于符合要求的，予以延续资质认定证书有效期。

第十四条 有下列情形之一的，检验检测机构应当向资质认定部门申请办理变更手续：

（一）机构名称、地址、法人性质发生变更的；

（二）法定代表人、最高管理者、技术负责人、检验检测报告授权签字人发生变更的；

（三）资质认定检验检测项目取消的；

（四）检验检测标准或者检验检测方法发生变更的；

（五）依法需要办理变更的其他事项。

检验检测机构申请增加资质认定检验检测项目或者发生变更的事项影响其符合资质认定条件和要求的，依照本办法第十条规定的程序实施。

第十五条 资质认定证书内容包括：发证机关、获证机构名称和地址、检验检测能力范围、有效期限、证书编号、资质认定标志。

检验检测机构资质认定标志，由 China Inspection Body and Laboratory Mandatory Approval 的英文缩写 CMA 形成的图案和资质认定证书编号组成。式样如下：

检验检测机构资质认定标志

第十六条 外方投资者在中国境内依法成立的检

验检测机构，申请资质认定时，除应当符合本办法第九条规定的资质认定条件外，还应当符合我国外商投资法律法规的有关规定。

第十七条 检验检测机构依法设立的从事检验检测活动的分支机构，应当依法取得资质认定后，方可从事相关检验检测活动。

资质认定部门可以根据具体情况简化技术评审程序、缩短技术评审时间。

第十八条 检验检测机构应当定期审查和完善管理体系，保证其基本条件和技术能力能够持续符合资质认定条件和要求，并确保质量管理措施有效实施。

检验检测机构不再符合资质认定条件和要求的，不得向社会出具具有证明作用的检验检测数据和结果。

第十九条 检验检测机构应当在资质认定证书规定的检验检测能力范围内，依据相关标准或者技术规范规定的程序和要求，出具检验检测数据、结果。

第二十条 检验检测机构不得转让、出租、出借资质认定证书或者标志；不得伪造、变造、冒用资质认定证书或者标志；不得使用已经过期或者被撤销、注销的资质认定证书或者标志。

第二十一条 检验检测机构向社会出具具有证明作用的检验检测数据、结果的，应当在其检验检测报告上标注资质认定标志。

第二十二条 资质认定部门应当在其官方网站上公布取得资质认定的检验检测机构信息，并注明资质认定证书状态。

第二十三条 因应对突发事件等需要，资质认定部门可以公布符合应急工作要求的检验检测机构名录及相关信息，允许相关检验检测机构临时承担应急工作。

第三章 技术评审管理

第二十四条 资质认定部门根据技术评审需要和专业要求，可以自行或者委托专业技术评价机构组织实施技术评审。

资质认定部门或者其委托的专业技术评价机构组织现场评审（或者远程评审）时，应当指派两名以上与技术评审内容相适应的评审人员组成评审组，并确定评审组组长。必要时，可以聘请相关技术专家参加技术评审。

第二十五条 评审组应当严格按照资质认定基本规范、评审准则开展技术评审活动，在规定时间内出具技术评审结论。

专业技术评价机构、评审组应当对其承担的技术评审活动和技术评审结论的真实性、符合性负责，并承担相应法律责任。

第二十六条 评审组在技术评审中发现有不符合要求的，应当书面通知申请人限期整改，整改期限不得超过30个工作日。逾期未完成整改或者整改后仍不符合要求的，相应评审项目应当判定为不合格。

评审组在技术评审中发现申请人存在违法行为的，应当及时向资质认定部门报告。

第二十七条 资质认定部门应当建立并完善评审人员专业技能培训、考核、使用和监督制度。

第二十八条 资质认定部门应当对技术评审活动进行监督，建立责任追究机制。

资质认定部门委托专业技术评价机构组织技术评审的，应当对专业技术评价机构及其组织的技术评审活动进行监督。

第二十九条 专业技术评价机构、评审人员在评审活动中有下列情形之一的，资质认定部门可以根据情节轻重，对其进行约谈、暂停直至取消委托其从事技术评审活动：

（一）未按照资质认定基本规范、评审准则规定的要求和时间实施技术评审的；

（二）对同一检验检测机构既从事咨询又从事技术评审的；

（三）与所评审的检验检测机构有利害关系或者其评审可能对公正性产生影响，未进行回避的；

（四）透露工作中所知悉的国家秘密、商业秘密或者技术秘密的；

（五）向所评审的检验检测机构谋取不正当利益的；

（六）出具虚假或者不实的技术评审结论的。

第四章 监督检查

第三十条 市场监管总局对省级市场监督管理部门实施的检验检测机构资质认定工作进行监督和指导。

第三十一条 检验检测机构有下列情形之一的，资质认定部门应当依法办理注销手续：

（一）资质认定证书有效期届满，未申请延续或者依法不予延续批准的；

（二）检验检测机构依法终止的；

（三）检验检测机构申请注销资质认定证书的；

（四）法律、法规规定应当注销的其他情形。

第三十二条 以欺骗、贿赂等不正当手段取得资质认定的，资质认定部门应当依法撤销资质认定。

被撤销资质认定的检验检测机构，三年内不得再次申请资质认定。

第三十三条 检验检测机构申请资质认定时提供虚假材料或者隐瞒有关情况的，资质认定部门应当不予受理或者不予许可。检验检测机构在一年内不得再次申请资质认定。

第三十四条 检验检测机构未依法取得资质认定，擅自向社会出具具有证明作用的数据、结果的，依照法律、法规的规定执行；法律、法规未作规定的，由县级以上市场监督管理部门责令限期改正，处 3 万元罚款。

第三十五条 检验检测机构有下列情形之一的，由县级以上市场监督管理部门责令限期改正；逾期未改正或者改正后仍不符合要求的，处 1 万元以下罚款。

（一）未按照本办法第十四条规定办理变更手续的；

（二）未按照本办法第二十一条规定标注资质认定标志的。

第三十六条 检验检测机构有下列情形之一的，法律、法规对撤销、吊销、取消检验检测资质或者证书等有行政处罚规定的，依照法律、法规的规定执行；法律、法规未作规定的，由县级以上市场监督管理部门责令限期改正，处 3 万元罚款：

（一）基本条件和技术能力不能持续符合资质认定条件和要求，擅自向社会出具具有证明作用的检验检测数据、结果的；

（二）超出资质认定证书规定的检验检测能力范围，擅自向社会出具具有证明作用的数据、结果的。

第三十七条 检验检测机构违反本办法规定，转让、出租、出借资质认定证书或者标志，伪造、变造、冒用资质认定证书或者标志，使用已经过期或者被撤销、注销的资质认定证书或者标志的，由县级以上市场监督管理部门责令改正，处 3 万元以下罚款。

第三十八条 对资质认定部门、专业技术评价机构以及相关评审人员的违法违规行为，任何单位和个人有权举报。相关部门应当依据各自职责及时处理，并为举报人保密。

第三十九条 从事资质认定的工作人员，在工作中滥用职权、玩忽职守、徇私舞弊的，依法予以处理；构成犯罪的，依法追究刑事责任。

第五章 附 则

第四十条 本办法自 2015 年 8 月 1 日起施行。国家质量监督检验检疫总局于 2006 年 2 月 21 日发布的《实验室和检查机构资质认定管理办法》同时废止。

检验检测机构监督管理办法

（国家市场监督管理总局令　第39号）

第一条　为了加强检验检测机构监督管理工作，规范检验检测机构从业行为，营造公平有序的检验检测市场环境，依照《中华人民共和国计量法》及其实施细则、《中华人民共和国认证认可条例》等法律、行政法规，制定本办法。

第二条　在中华人民共和国境内检验检测机构从事向社会出具具有证明作用的检验检测数据、结果、报告（以下统称检验检测报告）的活动及其监督管理，适用本办法。

法律、行政法规对检验检测机构的监督管理另有规定的，依照其规定。

第三条　本办法所称检验检测机构，是指依法成立，依据相关标准等规定利用仪器设备、环境设施等技术条件和专业技能，对产品或者其他特定对象进行检验检测的专业技术组织。

第四条　国家市场监督管理总局统一负责、综合协调检验检测机构监督管理工作。

省级市场监督管理部门负责本行政区域内检验检测机构监督管理工作。

地（市）、县级市场监督管理部门负责本行政区域内检验检测机构监督检查工作。

第五条　检验检测机构及其人员应当对其出具的检验检测报告负责，依法承担民事、行政和刑事法律责任。

第六条　检验检测机构及其人员从事检验检测活动应当遵守法律、行政法规、部门规章的规定，遵循客观独立、公平公正、诚实信用原则，恪守职业道德，承担社会责任。

检验检测机构及其人员应当独立于其出具的检验检测报告所涉及的利益相关方，不受任何可能干扰其技术判断的因素影响，保证其出具的检验检测报告真实、客观、准确、完整。

第七条　从事检验检测活动的人员，不得同时在两个以上检验检测机构从业。检验检测授权签字人应当符合相关技术能力要求。

法律、行政法规对检验检测人员或者授权签字人的执业资格或者禁止从业另有规定的，依照其规定。

第八条 检验检测机构应当按照国家有关强制性规定的样品管理、仪器设备管理与使用、检验检测规程或者方法、数据传输与保存等要求进行检验检测。

检验检测机构与委托人可以对不涉及国家有关强制性规定的检验检测规程或者方法等作出约定。

第九条 检验检测机构对委托人送检的样品进行检验的，检验检测报告对样品所检项目的符合性情况负责，送检样品的代表性和真实性由委托人负责。

第十条 需要分包检验检测项目的，检验检测机构应当分包给具备相应条件和能力的检验检测机构，并事先取得委托人对分包的检验检测项目以及拟承担分包项目的检验检测机构的同意。

检验检测机构应当在检验检测报告中注明分包的检验检测项目以及承担分包项目的检验检测机构。

第十一条 检验检测机构应当在其检验检测报告上加盖检验检测机构公章或者检验检测专用章，由授权签字人在其技术能力范围内签发。

检验检测报告用语应当符合相关要求，列明标准等技术依据。检验检测报告存在文字错误，确需更正的，检验检测机构应当按照标准等规定进行更正，并予以标注或者说明。

第十二条 检验检测机构应当对检验检测原始记录和报告进行归档留存。保存期限不少于 6 年。

第十三条 检验检测机构不得出具不实检验检测报告。

检验检测机构出具的检验检测报告存在下列情形之一，并且数据、结果存在错误或者无法复核的，属于不实检验检测报告：

（一）样品的采集、标识、分发、流转、制备、保存、处置不符合标准等规定，存在样品污染、混淆、损毁、性状异常改变等情形的；

（二）使用未经检定或者校准的仪器、设备、设施的；

（三）违反国家有关强制性规定的检验检测规程或者方法的；

（四）未按照标准等规定传输、保存原始数据和报告的。

第十四条 检验检测机构不得出具虚假检验检测报告。

检验检测机构出具的检验检测报告存在下列情形之一的，属于虚假检验检测报告：

（一）未经检验检测的；

（二）伪造、变造原始数据、记录，或者未按照标准等规定采用原始数据、记录的；

（三）减少、遗漏或者变更标准等规定的应当检验检测的项目，或者改变关键检验检测条件的；

（四）调换检验检测样品或者改变其原有状态进行检验检测的；

（五）伪造检验检测机构公章或者检验检测专用章，或者伪造授权签字人签名或者签发时间的。

第十五条 检验检测机构及其人员应当对其在检验检测工作中所知悉的国家秘密、商业秘密予以保密。

第十六条 检验检测机构应当在其官方网站或者以其他公开方式对其遵守法定要求、独立公正从业、履行社会责任、严守诚实信用等情况进行自我声明，并对声明内容的真实性、全面性、准确性负责。

检验检测机构应当向所在地省级市场监督管理部门报告持续符合相应条件和要求、遵守从业规范、开展检验检测活动以及统计数据等信息。

检验检测机构在检验检测活动中发现普遍存在的产品质量问题的，应当及时向市场监督管理部门报告。

第十七条 县级以上市场监督管理部门应当依据检验检测机构年度监督检查计划，随机抽取检查对象、随机选派执法检查人员开展监督检查工作。

因应对突发事件等需要，县级以上市场监督管理部门可以应急开展相关监督检查工作。

国家市场监督管理总局可以根据工作需要，委托省级市场监督管理部门开展监督检查。

第十八条 省级以上市场监督管理部门可以根据工作需要，定期组织检验检测机构能力验证工作，并公布能力验证结果。

检验检测机构应当按照要求参加前款规定的能力验证工作。

第十九条 省级市场监督管理部门可以结合风险程度、能力验证及监督检查结果、投诉举报情况等，对本行政区域内检验检测机构进行分类监管。

第二十条 市场监督管理部门可以依法行使下列职权：

（一）进入检验检测机构进行现场检查；

（二）向检验检测机构、委托人等有关单位及人员询问、调查有关情况或者验证相关检验检测活动；

（三）查阅、复制有关检验检测原始记录、报告、发票、账簿及其他相关资料；

（四）法律、行政法规规定的其他职权。

检验检测机构应当采取自查自改措施，依法从事检验检测活动，并积极配合市场监督管理部门开展的监督检查工作。

第二十一条 县级以上地方市场监督管理部门应当定期逐级上报年度检验检测机构监督检查结果等信息，并将检验检测机构违法行为查处情况通报实施资质认定的市场监督管理部门和同级有关行业主管部门。

第二十二条 县级以上市场监督管理部门应当依法公开监督检查结果，并将检验检测机构受到的行政处罚等信息纳入国家企业信用信息公示系统等平台。

第二十三条 任何单位和个人有权向县级以上市场监督管理部门举报检验检测机构违反本办法规定的行为。

第二十四条 县级以上市场监督管理部门发现检验检测机构存在不符合本办法规定，但无需追究行政和刑事法律责任的情形的，可以采用说服教育、提醒纠正等非强制性手段予以处理。

第二十五条 检验检测机构有下列情形之一的，由县级以上市场监督管理部门责令限期改正；逾期未改正或者改正后仍不符合要求的，处3万元以下罚款：

（一）违反本办法第八条第一款规定，进行检验检测的；

（二）违反本办法第十条规定分包检验检测项目，或者应当注明而未注明的；

（三）违反本办法第十一条第一款规定，未在检验检测报告上加盖检验检测机构公章或者检验检测专用章，或者未经授权签字人签发或者授权签字人超出其技术能力范围签发的。

第二十六条 检验检测机构有下列情形之一的，法律、法规对撤销、吊销、取消检验检测资质或者证书等有行政处罚规定的，依照法律、法规的规定执行；法律、法规未作规定的，由县级以上市场监督管理部门责令限期改正，处3万元罚款：

（一）违反本办法第十三条规定，出具不实检验检测报告的；

（二）违反本办法第十四条规定，出具虚假检验检测报告的。

第二十七条 市场监督管理部门工作人员玩忽职守、滥用职权、徇私舞弊的，依法予以处理；涉嫌构成犯罪，依法需要追究刑事责任的，按照有关规定移送公安机关。

第二十八条 本办法自2021年6月1日起施行。

市场监管总局关于发布《检验检测机构资质认定评审准则》的公告

（2023年第21号）

为落实《质量强国建设纲要》关于深化检验检测机构资质审批制度改革、全面实施告知承诺和优化审批服务的要求，市场监管总局修订了《检验检测机构资质认定评审准则》，已经2023年5月15日总局第9次局务会议通过，现予公告，自2023年12月1日起施行。《检验检测机构资质认定评审准则》（国认实〔2016〕33号）同时废止。

市场监管总局

2023年5月30日

检验检测机构资质认定评审准则

第一章　总　则

第一条　依照《中华人民共和国计量法》及其实施细则、《中华人民共和国认证认可条例》等法律、行政法规的规定，为依法实施《检验检测机构资质认定管理办法》相关资质认定技术评审要求，制定本准则。

第二条　在中华人民共和国境内开展检验检测机构资质认定技术评审（含告知承诺核查，下同）工作，应当遵守本准则。

第三条　本准则所称检验检测机构，是指依照《检验检测机构资质认定管理办法》的相关规定，依法成立，依据相关标准或者技术规范，利用仪器设备、环境设施等技术条件和专业技能，对产品或者法律法规规定的特定对象进行检验检测的专业技术组织。

本准则所称资质认定，是指依照《检验检测机构资质认定管理办法》的相关规定，由市场监督管理部门依照法律、行政法规规定，对向社会出具具有证明作用的数据、结果的检验检测机构的基本条件和技术能力是否符合法定要求实施的评价许可。

本准则所称资质认定技术评审，是指依照《检验检测机构资质认定管理办法》的相关规定，由市场监管总局或者省级市场监督管理部门（以下统称资质认定部门）自行或者委托专业技术评价机构组织相关专业评审人员，对检验检测机构申请的资质认定事项是否符合资质认定条件以及相关要求所进行的技术性审查。

第四条 针对不同行业或者领域的特殊性，市场监管总局、国务院有关主管部门，依照有关法律法规的规定，制定和发布相关技术评审补充要求，评审补充要求与本准则一并作为技术评审依据。

第五条 依照《检验检测机构资质认定管理办法》《检验检测机构资质认定告知承诺实施办法（试行）》等的相关规定，对于采用告知承诺程序实施资质认定的，对检验检测机构承诺内容是否属实进行现场核查的内容与程序，应当符合本准则的相关规定。

第六条 资质认定技术评审工作应当坚持统一规范、客观公正、科学准确、公平公开、便利高效的原则。

第二章 评审内容与要求

第七条 资质认定技术评审内容包括：对检验检测机构主体、人员、场所环境、设备设施和管理体系等方面是否符合资质认定要求的审查。

第八条 检验检测机构应当是依法成立并能够承担相应法律责任的法人或者其他组织。

（一）检验检测机构或者其所在的组织应当有明确的法律地位，对其出具的检验检测数据、结果负责，并承担法律责任。不具备独立法人资格的检验检测机构应当经所在法人单位授权。

（二）检验检测机构应当以公开方式对其遵守法定要求、独立公正从业、履行社会责任、严守诚实信用等情况进行自我承诺。

（三）检验检测机构应当独立于其出具的检验检测数据、结果所涉及的利益相关方，不受任何可能干扰其技术判断的因素影响，保证检验检测数据、结果公正准确、可追溯。

（四）检验检测机构及其人员应当对其在检验检测活动中所知悉的国家秘密、商业秘密负有保密义务，并制定实施相应的保密措施。

第九条 检验检测机构应当具有与其从事检验检测活动相适应的检验检测技

术人员和管理人员。

（一）检验检测机构与其人员建立劳动关系应当符合《中华人民共和国劳动法》《中华人民共和国劳动合同法》的有关规定，法律、行政法规对检验检测人员执业资格或者禁止从业另有规定的，依照其规定。

（二）检验检测机构人员的受教育程度、专业技术背景和工作经历、资质资格、技术能力应当符合工作需要。

（三）检验检测报告授权签字人应当具有中级及以上相关专业技术职称或者同等能力，并符合相关技术能力要求。

第十条 检验检测机构应当具有固定的工作场所，工作环境符合检验检测要求。

（一）检验检测机构具有符合标准或者技术规范要求的检验检测场所，包括固定的、临时的、可移动的或者多个地点的场所。

（二）检验检测工作环境及安全条件符合检验检测活动要求。

第十一条 检验检测机构应当具备从事检验检测活动所必需的检验检测设备设施。

（一）检验检测机构应当配备具有独立支配使用权、性能符合工作要求的设备和设施。

（二）检验检测机构应当对检验检测数据、结果的准确性或者有效性有影响的设备（包括用于测量环境条件等辅助测量设备）实施检定、校准或核查，保证数据、结果满足计量溯源性要求。

（三）检验检测机构如使用标准物质，应当满足计量溯源性要求。

第十二条 检验检测机构应当建立保证其检验检测活动独立、公正、科学、诚信的管理体系，并确保该管理体系能够得到有效、可控、稳定实施，持续符合检验检测机构资质认定条件以及相关要求。

（一）检验检测机构应当依据法律法规、标准（包括但不限于国家标准、行业标准、国际标准）的规定制定完善的管理体系文件，包括政策、制度、计划、程序和作业指导书等。检验检测机构建立的管理体系应当符合自身实际情况并有效运行。

（二）检验检测机构应当依法开展有效的合同审查。对相关要求、标书、合同的偏离、变更应当征得客户同意并通知相关人员。

（三）检验检测机构选择和购买的服务、供应品应当符合检验检测工作需求。

（四）检验检测机构能正确使用有效的方法开展检验检测活动。检验检测方法包括标准方法和非标准方法，应当优先使用标准方法。使用标准方法前应当进行验证；使用非标准方法前，应当先对方法进行确认，再验证。

（五）当检验检测标准、技术规范或者声明与规定要求的符合性有测量不确定度要求时，检验检测机构应当报告测量不确定度。

（六）检验检测机构出具的检验检测报告，应当客观真实、方法有效、数据完整、信息齐全、结论明确、表述清晰并使用法定计量单位。

（七）检验检测机构应当对质量记录和技术记录的管理作出规定，包括记录的标识、贮存、保护、归档留存和处置等内容。记录信息应当充分、清晰、完整。检验检测原始记录和报告保存期限不少于6年。

（八）检验检测机构在运用计算机信息系统实施检验检测、数据传输或者对检验检测数据和相关信息进行管理时，应当具有保障安全性、完整性、正确性措施。

（九）检验检测机构应当实施有效的数据、结果质量控制活动，质量控制活动与检验检测工作相适应。数据、结果质量控制活动包括内部质量控制活动和外部质量控制活动。内部质量控制活动包括但不限于人员比对、设备比对、留样再测、盲样考核等。外部质量控制活动包括但不限于能力验证、实验室间比对等。

第十三条 有关法律法规及标准、技术规范对检验检测机构的主体、人员、场所环境、设备设施和管理体系等条件有特殊规定的，检验检测机构还应当符合相关特殊要求。

第三章 评审方式与程序

第十四条 检验检测机构资质认定一般程序的技术评审方式包括：现场评审（现场评审工作程序见附件1）、书面审查（书面审查工作程序见附件2）和远程评审（远程评审工作程序见附件3）。根据机构申请的具体情况，采取不同技术评审方式对机构申请的资质认定事项进行审查。[一般程序审查（告知承诺核查）表见附件4]。

第十五条 现场评审适用于首次评审、扩项评审、复查换证（有实际能力变化时）评审、发生变更事项影响其符合资质认定条件和要求的变更评审。现场评审应当对检验检测机构申请相关资质认定事项的技术能力进行逐项确认，根据申请范围安排现场试验。安排现场试验时应当覆盖所有申请类别的主要或关键项目/参数、仪器设备、检测方法、试验人员、试验材料等，并覆盖所有检验检测场所。现场评审结论分为“符合”“基本符合”“不符合”三种情形。

第十六条 书面审查方式适用于已获资质认定技术能力内的少量参数扩项或变更（不影响其符合资质认定条件和要求）和上一许可周期内无违法违规行为、未列入失信名单且申请事项无实质性变化的检验检测机构的复查换证评审。书面审查结论分为“符合”“不符合”两种情形。

第十七条 远程评审是指使用信息和通信技术对检验检测机构实施的技术评审。采用方式可以为（但不限于）：利用远程电信会议设施等对远程场所（包括潜在危险场所）实施评审，包括音频、视频和数据共享以及其他技术手段；通过远程接入方式对文件和记录审核，同步的（即实时的）或者是异步的（在适用时）通过静止影像、视频或者音频录制的手段记录信息和证据。下列情形可选择远程评审：

（一）由于不可抗力（疫情、安全、旅途限制等）无法前往现场评审；

（二）检验检测机构从事完全相同的检测活动有多个地点，各地点均运行相同的管理体系，且可以在任何一个地点查阅所有其他地点的电子记录及数据；

（三）已获资质认定技术能力内的少量参数变更及扩项；

（四）现场评审后仍需要进行复核，但复核无法在规定时间内完成。

远程评审结论分为“符合”“基本符合”“不符合”三种情形。

第十八条 检验检测机构资质认定告知承诺依据《检验检测机构资质认定告知承诺实施办法（试行）》和有关规定实施。应当对检验检测机构承诺的真实性进行现场核查（告知承诺程序核查表见附件4）。告知承诺的现场核查程序参照一般程序的现场评审方式进行。

第十九条 告知承诺现场核查应当由资质认定部门组织实施，现场核查人员应当在规定的时限内进行核查并出具现场核查结论。核查结论分为“承诺属实”“承诺基本属实”“承诺严重不实/虚假承诺”三种情形。并根据相应结论，由核查组通知申请人整改，或者向资质认定部门作出撤销相应许可事项的建议。

第四章　附　则

第二十条　专业技术评价机构以及相关评审人员在技术评审活动中的违法违规行为，依照《检验检测机构资质认定管理办法》及《检验检测机构资质认定评审员管理办法（试行）》的相关规定予以处理。

第二十一条　本准则自2023年12月1日起施行。《检验检测机构资质认定评审准则》（国认实〔2016〕33号）同时废止。

附件：1. 检验检测机构资质认定现场评审工作程序

2. 检验检测机构资质认定书面审查工作程序

3. 检验检测机构资质认定远程评审工作程序

4.《检验检测机构资质认定评审准则》一般程序审查（告知承诺核查）表

附件 1

检验检测机构资质认定现场评审工作程序

1 目的

本程序依照《检验检测机构资质认定管理办法》的相关资质认定技术评审要求制定，目的是规范检验检测机构资质认定现场技术评审工作。

2 适用范围

本程序适用于对检验检测机构开展的资质认定现场评审工作，包括材料审查、现场评审实施、跟踪验证及评审材料上报等全过程。告知承诺的现场核查程序参照现场评审工作程序进行。

现场评审适用于首次评审、扩项评审、复查换证（有实际能力变化时）评审、发生变更事项影响其符合资质认定条件和要求的变更评审。

首次评审：对未获得资质认定的检验检测机构，在其建立和运行管理体系3个月后提出申请，资质认定部门对其机构主体、人员、场所环境、设备设施、管理体系等方面是否符合资质认定要求的审查。

扩项评审：对已获得资质认定的检验检测机构，申请增加资质认定检验检测项目，资质认定部门对其机构主体、人员、场所环境、设备设施、管理体系等方面是否符合资质认定要求的审查。

复查换证评审：对已获得资质认定的检验检测机构，在资质认定证书有效期届满3个月前申请办理证书延续，资质认定部门对其机构主体、人员、场所环境、设备设施、管理体系等方面是否符合资质认定要求的审查。

变更评审：对已获得资质认定的检验检测机构，其工作场所、技术能力等依法需要办理变更的事项发生变化，资质认定部门对其机构主体、人员、场所环境、设备设施、管理体系等方面是否符合资质认定要求的审查。

3 实施部门

3.1 资质认定部门受理检验检测机构的资质认定事项申请后，依照《检验检测机构资质认定管理办法》的相关规定，根据技术评审需要和专业要求，自行或者委托专业技术评价机构组织相关专业评审人员实施资质认定技术评审。

3.2 组建评审组

3.2.1 评审组组成

资质认定部门或者其委托的专业技术评价机构，应当根据检验检测机构申请资质认定事项的检验检测项目和专业类别，按照专业覆盖、随机选派的原则组建评审组。评审组由 1 名组长、1 名及以上评审员或者技术专家组成。评审组成员应当在组长的组织下，按照资质认定部门或者其委托的专业技术评价机构下达的评审任务，独立开展资质认定评审活动，并对评审结论负责。

3.2.2 职责

1）评审组长职责

a. 带头遵守评审纪律和行为准则，对评审组成员行为规范提出要求，对评审组成员进行必要的指导，对评审组成员的现场评审表现作出评价；

b. 带领评审组开展现场评审工作，并对现场评审活动的合法性、规范性及评审结论的准确性、真实性、完整性负责；

c. 代表评审组与检验检测机构沟通，协调、控制现场评审过程，裁决评审工作中的分歧和其他事宜；

d. 协调评审组与资质认定部门派出的监督人员的联系；

e. 负责现场评审前的策划，包括：审查文件、安排评审日程、向评审组成员分配任务、明确分工要求、提供评审背景信息、策划现场试验项目、准备现场评审记录表单、填写评审的前期准备记录以及评审前应当准备的其他事项等；

f. 现场评审首次会议前，向评审组介绍评审的有关工作内容和要求；

g. 根据检验检测机构实际情况，组织实施现场评审工作，重点关注检验检测机构管理体系运行的有效性，结合评审组成员的意见，形成评审报告，提出现场评审结论；

h. 组织对检验检测机构整改情况的跟踪验证；

i. 负责评审资料的汇总和整理，及时向资质认定部门或者其委托的专业技术评价机构报告评审情况和结论以及报送评审资料。

2）评审员职责

a. 遵守评审纪律和行为准则，服从评审组长的安排和调度，按照评审日程和评审任务分工完成评审工作，对其评审内容结论的准确性、真实性、完整性负责；

b. 按照评审组的分工，做好评审前的信息收集，协助评审组长组织现场试验考核，开展检验检测能力确认工作，及时记录评审活动信息，完成评审报告中相关记录的填写；

c. 及时与评审组长沟通，处理评审中发现的疑难问题；

d. 协助评审组长完成对检验检测报告授权签字人的评审考核；

e. 完成评审组长安排的其他任务。

3）技术专家职责

a. 遵守评审纪律和行为准则，服从评审组长的安排和调度，按照评审日程和评审任务分工完成评审工作，对其评审内容结论的准确性、真实性、完整性负责；

b. 按照评审组的分工，协助评审组长或者评审员组织现场试验考核、开展检验检测能力确认工作，及时记录评审活动信息，完成评审报告中相关记录的填写；

c. 及时与评审组长沟通，处理评审中发现的疑难问题；

d. 协助评审组长完成对检验检测报告授权签字人的评审考核；

e. 完成评审组长安排的其他任务。

4 工作流程

4.1 材料审查

评审组长应当在评审员或者技术专家的配合下对检验检测机构提交的申请材料进行审查。通过审查《检验检测机构资质认定申请书》及其他相关资料，对检验检测机构的机构主体、人员、检验检测技术能力、场所环境、设备设施、管理体系等方面进行了解，并依据《检验检测机构资质认定评审准则》及相应的技术标准，对申请人的申报材料进行文件符合性审查，并予以初步评价。

4.1.1　审查要点

1）《检验检测机构资质认定申请书》及附件的审查要点

a. 检验检测机构的法人地位证明材料，其经营范围是否包含检验检测的相关表述，并符合公正性要求；非独立法人检验检测机构是否提供了所在法人单位的授权文件；

b. 检验检测机构是否有固定的工作场所，是否具有产权证明或者租借合同；

c. 检验检测能力申请表中的项目 / 参数及所依据的标准是否正确，是否属于资质认定范围；

d. 仪器设备（标准物质）配置的填写是否正确，所列仪器设备是否符合其申请项目 / 参数的检验检测能力要求，并可独立支配使用；

e. 检验检测报告授权签字人职称和工作经历是否符合规定；

f. 申请项目类别涉及的典型报告是否符合要求。

2）管理体系文件的审查要点

a. 管理体系文件是否包括《检验检测机构资质认定管理办法》《检验检测机构资质认定评审准则》及相关行业特殊要求等相关规定；

b. 管理体系是否描述清楚，要素阐述是否简明、切实，文件之间接口关系是否明确；

c. 质量活动是否处于受控状态，管理体系是否能有效运行并进行自我改进；

d. 需要有管理体系文件描述的要素，是否均被恰当地编制成了文件；

e. 管理体系文件结合检验检测机构的特点，是否具有可操作性；

f. 审查多场所检验检测机构的管理体系文件时，应当注意管理体系文件是否覆盖检验检测机构申请资质认定的所有场所，各场所与总部的隶属关系及工作接口是否描述清晰，沟通渠道是否通畅，各分场所内部的组织机构（适用时）及人员职责是否明确。

4.1.2　审查结果

评审组长应当在收到申请材料 5 个工作日内完成材料审查，并将审查结果反馈资质认定部门或者其委托的专业技术评价机构。

材料审查的结果主要有以下几种情况：

1）实施现场评审

当材料审查符合要求，或者材料中虽然存在问题，但不影响现场评审的实施时，评审组长可建议实施现场评审。

2）暂缓实施现场评审

当材料审查不符合要求，或者材料中存在的问题影响现场评审的实施时，评审组长可建议暂缓实施现场评审，由资质认定部门或者其委托的专业技术评价机构通知检验检测机构进行材料补正。

3）不实施现场评审

当材料审查不符合要求，或者材料中存在的问题影响现场评审的实施且经补正仍不符合要求，或者经确认不具备申请资质认定的技术能力时，可作出“不实施现场评审”的结论，建议不予资质认定。

材料审查的结果由资质认定部门或者其委托的专业技术评价机构通知检验检测机构。

4.2　下发现场评审通知

材料审查合格后，资质认定部门或者其委托的专业技术评价机构向检验检测机构下发《检验检测机构资质认定现场评审通知书》，同时告知评审组按计划实施现场评审。

4.3　现场评审前准备

4.3.1　评审组长应当保持与资质认定部门或者其委托的专业技术评价机构的良好沟通，获得检验检测机构的相关信息和资料。

4.3.2　评审组长应当与检验检测机构进行良好沟通，了解其基本状况以及可能对评审过程产生影响的特殊情况等。

4.3.3　评审组长应当编制《检验检测机构资质认定现场评审日程表》，明确评审的日期、时间、评审范围（要素、技术能力）、评审组分工等。

4.3.4　评审组长应当与评审组成员联系，并组织策划现场评审方案；组织评审组成员对申请的检验检测能力的表述规范性进行初步审核，拟定现场考核项目。

4.4　实施现场评审

4.4.1　预备会议

评审组长在现场评审前应当召开预备会，全体评审组成员应当参加，会议内容包括：

1）说明本次评审的目的、范围和依据；

2）声明评审工作的公正、客观、保密、廉洁要求；

3）介绍检验检测机构文件审查情况；

4）明确现场评审要求，统一有关判定原则；

5）听取评审组成员有关工作建议，解答评审组成员提出的疑问；

6）确定评审组成员分工，明确评审组成员职责，并向评审组成员提供相关评审文件及现场评审表格；

7）确定现场评审日程表；

8）必要时，要求检验检测机构提供与评审相关的补充材料；

9）必要时，对新获证评审员和技术专家进行必要的培训及评审经验交流。

4.4.2　首次会议

首次会议由评审组长主持召开，评审组全体成员、检验检测机构管理层、技术负责人、质量负责人和评审组认为有必要参加的所申请检验检测项目相关人员应当参加首次会议，会议内容如下：

1）宣布开会，介绍评审组成员；检验检测机构介绍与会人员。

2）评审组长说明评审的任务来源、目的、依据、范围、原则，明确评审将涉及的部门、人员；确认评审日程表。

3）宣布评审组成员分工。

4）强调公正客观原则、保密承诺和廉洁自律要求，向检验检测机构作出评审人员行为规范承诺，并公开资质认定部门监督电话和邮箱。

5）澄清有关问题，明确限制要求和安全防护措施（如洁净区、危险区、限制交谈人员等）。

6）确定检验检测机构为评审组配备的陪同人员，确定评审组的工作场所及评审工作所需资源。

4.4.3　检验检测机构场所考察

首次会议结束，由陪同人员引领评审组进行现场考察，考察检验检测机构相关的办公及检验检测场所。现场考察的过程是观察、考核的过程。有的场所通过一次性的参观之后可能不再重复检查，评审组应当利用有限的时间收集最大量的信息，在现场考察的同时及时进行有关的提问，有目的地观察环境条件、设备设施是否符合检验检测的要求，并做好记录。

4.4.4 现场考核

1）考核项目的选择

首次评审或者扩项评审的现场考核项目需覆盖申请能力的所有类别、参数或设备。复查换证评审和地址变更时可根据具体情况酌情减少。考核方式有报告验证和现场试验。

2）报告验证

积极采信申请参数的能力验证结果及有效的外部质量控制结果。

3）现场试验

a. 现场试验考核的方式

对检验检测机构的现场试验考核，可采取见证试验、盲样考核、操作演示；也可采取人员比对、仪器比对、留样再测等方式。样品来源包括评审组提供和检验检测机构自备。

b. 现场试验考核结果的应用

原则上现场试验除操作演示外须提供全部原始记录及必要的检验检测报告；当采用电子记录时，应当关注电子数据的准确性、完整性、安全性。在现场考核中，如结果数据不满意，应当要求检验检测机构分析原因；如属偶然原因，可安排检验检测机构重新试验；如属于系统偏差，则应当认为检验检测机构不具备该项检验检测能力。

c. 现场试验的评价

现场试验结束后，评审组应当对试验的结果进行评价，评价内容包括采用的检验检测方法是否正确；检验检测数据、结果的表述是否规范、清晰；检验检测人员是否有相应的检验检测能力；环境设施的适宜程度；样品的采集、标识、分发、流转、制备、保存、处置是否规范；检验检测设备、测试系统的调试、使用是否正确；检验检测记录是否规范等；并在现场考核项目表中给出总体评价结论。

4.4.5 现场提问

现场提问是现场评审的一部分，是评价检验检测机构工作人员是否经过相应的教育、培训，是否具有相应的经验和技能而进行资格确认的一种形式。检验检测机构管理层、技术负责人、质量负责人、检验检测报告授权签字人、各管理岗位人员以及评审组认为有必要提问的所申请检验检测项目相关人员均应当接受现场提问。

现场提问可与现场考察、现场试验考核、查阅记录等活动结合进行，也可以在座谈会等场合进行。

现场提问的内容可以是基础性的问题，如对法律法规、评审准则、管理体系文件、检验检测方法、检验检测技术等方面的提问，也可对评审中发现的问题、尚不清楚的问题作跟踪性或者澄清性提问。

4.4.6　记录查证

管理体系运行过程中产生的质量记录，以及检验检测过程中产生的技术记录是复现管理过程和检验检测过程的有力证据。评审组应当通过对检验检测机构记录的查证，评价管理体系运行的有效性，以及技术活动的正确性。对记录的查阅应当注重以下问题：

1）文件资料的控制以及档案管理是否适用、有效、符合受控的要求，并有相应的资源保证；

2）管理体系运行记录是否齐全、科学，能否有效反映管理体系运行状况；

3）原始记录、检验检测报告格式内容是否合理，并包含足够的信息；

4）记录是否清晰、准确，是否包括影响检验检测数据、结果的全部信息；

5）记录的形成、修改、保管是否符合管理体系文件的有关规定。

4.4.7　现场评审记录的填写

对检验检测机构现场评审的过程应当记录在《检验检测机构资质认定评审报告》的评审表中。评审组在依据《检验检测机构资质认定评审准则》对检验检测机构进行评审的同时，应当详细记录基本符合和不符合的条款及事实。

4.4.8　现场座谈

通过现场座谈考核检验检测机构技术人员和管理人员基础知识、了解检验检测机构人员对管理体系文件的理解、交流现场观察中的一些问题、统一认识。检验检测机构的以下人员应当参加座谈会：各级管理人员、检验检测人员、新增员工及评审组认为有必要参加的相关人员。座谈中应当针对以下问题进行提问和讨论：

1）对《检验检测机构资质认定评审准则》的理解；

2）对管理体系文件的理解；

3）《检验检测机构资质认定评审准则》和管理体系文件在实际工作中的应用情况；

4）各岗位人员对其职责的理解；

5）对应当具备的专业知识的掌握情况；

6）评审过程中发现的一些问题，以及需要与检验检测机构澄清的问题。

4.4.9　检验检测能力的确定

确认检验检测机构的检验检测能力是评审组进行现场评审的核心环节，每一名评审组成员都应当严肃认真地核查检验检测机构的能力，为资质认定行政许可提供真实可靠的评审结论。

1）建议批准的检验检测能力应符合以下条件：

a. 人员具备正确开展相关检验检测活动的能力。

b. 检验检测活动全过程所需要的全部设备的量程、准确度必须符合预期使用要求；对检验检测结果有影响的设备（包括用于测量环境条件等辅助测量设备）应当实施检定、校准或核查，保证数据、结果满足计量溯源性要求。对溯源结果进行确认，确认内容包括溯源性证明文件（溯源证书）的有效性，及其提供的溯源性结果是否符合检验检测要求。溯源产生的修正信息（修正值、修正因子等）应当有效正确利用。

c. 检验检测方法应当使用有效版本。应当优先使用标准方法，使用标准方法前应当进行验证；使用非标准方法前应当先进行确认，再验证，以确保该非标准方法的科学、准确、可靠，符合预期用途。

d. 设施和环境符合检验检测活动要求。

e. 能够通过现场试验或者报告验证有效证明相应的检验检测能力。

2）确定检验检测能力时应当注意以下问题：

a. 检验检测能力是以现有的条件为依据，不能以许诺、推测作为依据；

b. 检验检测项目按申请的范围进行确认，评审组不得擅自增加项目，特殊情况须报资质认定部门同意后，方可调整；

c. 检验检测机构不能提供检验检测方法、检验检测人员不具备相应的技能、无检验检测设备或者检验检测设备配置不正确、环境条件不符合检验检测要求的，均按不具备检验检测能力处理；

d. 同一检验检测项目中只有部分符合方法要求的，应当在“限制范围”栏内予以注明；

e. 检验检测能力中的非标准方法，应当在“限制范围”栏内予以注明：仅限特定合同约定的委托检验检测。

4.4.10 评审组确认的检验检测能力的填写

评审报告中的检验检测机构能力表，应当按检验检测机构能力分类规范表述。

4.4.11 评审组内部会

在现场评审期间，每天应当安排时间召开评审组内部会，主要内容有：交流当天评审情况，讨论评审发现的问题，确定是否构成不符合项；评审组长了解评审工作进度，及时调整评审组成员的工作任务，组织、调控评审过程；对评审组成员的一些疑难问题提出处理意见。

最后一次评审组内部会，由评审组长主持，对评审情况进行汇总，确定建议批准的检验检测能力，提出存在的问题和整改要求，形成评审结论并做好评审记录。

4.4.12 与检验检测机构的沟通

形成评审组意见后，评审组长应当与检验检测机构最高管理层进行沟通，通报评审中发现的基本符合情况、不符合情况和评审结论意见，听取检验检测机构的意见。

4.4.13 评审结论

评审结论分为“符合”“基本符合”“不符合”三种。

4.4.14 评审报告

评审组长负责撰写评审组意见，意见主要内容包括：

1）现场评审的依据；

2）评审组人数；

3）现场评审时间；

4）评审范围；

5）评审的基本过程；

6）对检验检测机构管理体系运行有效性和承担第三方公正检验检测的评价；

7）人员素质；

8）仪器设备设施；

9）场所环境条件；

10）检验检测报告的评价；

11）对现场试验考核的评价；

12）建议批准通过资质认定的项目数量；

13）基本符合、不符合情况；

14）需要说明的其他事项。

以上评审内容完成后形成评审报告，评审组成员和检验检测机构有关人员分别在评审报告相应栏目内签字确认。

4.4.15 末次会议

末次会议由评审组长主持召开，评审组成员全部参加，检验检测机构的主要负责人必须参加。末次会议内容包括：

1）评审情况和评审中发现的问题；

2）宣读评审意见和评审结论；

3）提出整改要求；

4）检验检测机构对评审结论发表意见；

5）宣布现场评审工作结束。

4.5 整改的跟踪验证

现场评审结束后，评审结论为“基本符合”的检验检测机构对评审组提出的整改项进行整改，整改时间不超过 30 个工作日。

4.5.1 检验检测机构提交整改报告和相关见证材料，报评审组长确认。

4.5.2 评审组长在收到检验检测机构的整改材料后，应当在 5 个工作日内组织评审组成员完成跟踪验证。

4.5.3 整改有效、符合要求的，由评审组长填写《检验检测机构资质认定评审报告》中的整改完成记录及评审组长确认意见，向资质认定部门或者其委托的专业技术评价机构上报评审相关材料。

4.5.4　整改不符合要求或者超过整改期限的，评审结论为“不符合”，上报资质认定部门或者其委托的专业技术评价机构。

4.6　评审材料汇总上报

评审结束，整改材料验证完成后，评审组应当向资质认定部门或者其委托的专业技术评价机构上报评审相关材料，包括评审报告、整改报告、评审中发生的所有记录等。

4.7　终止评审

检验检测机构的以下情况，评审组应当请示资质认定部门或者其委托的专业技术评价机构，经同意后可终止评审：

1）无合法的法律地位；

2）人员严重不足；

3）场所严重不符合检验检测活动的要求；

4）缺乏必备的设备设施；

5）管理体系严重失控；

6）存在严重违法违规问题或被列入经营异常名录、严重违法失信名单；

7）不配合致使评审无法进行；

8）申请材料与真实情况严重不符。

附件 2

检验检测机构资质认定书面审查工作程序

1 目的

本程序依据《检验检测机构资质认定管理办法》的相关资质认定技术评审要求制定，其目的是规范检验检测机构资质认定书面审查工作。

2 适用范围

本程序适用于对检验检测机构开展的资质认定书面审查工作。

书面审查方式适用于已获资质认定技术能力内的少量参数扩项或变更（不影响其符合资质认定条件和要求）和上一许可周期内无违法违规行为、未列入失信名单且申请事项无实质性变化的检验检测机构的复查换证评审。

3 书面审查程序

3.1 检验检测机构提交的申请资料应当真实可靠，申请人不存在欺诈、隐瞒或者故意违反《检验检测机构资质认定管理办法》及《检验检测机构资质认定评审准则》要求的行为，包括但不限于：

1）申请资料与事实不符；

2）同一材料内或者材料与材料之间多处出现自相矛盾或者逻辑错误；

3）与其他申请人资料雷同。

3.2 变更评审

3.2.1 适用于书面审查的变更评审包括下列情形：

1）检验检测报告授权签字人变更（授权签字人授权范围变更）；

2）检验检测方法发生变更但不涉及技术能力的实质变化。

3.2.2 由资质认定部门核查申请材料的完整性，并审查是否符合《检验检测机构资质认定评审准则》的要求，给出审批意见。

3.3　复查换证评审

3.3.1　适用于书面审查的复查换证评审为上一许可周期内无违法违规行为、未列入失信名单且申请事项无实质性变化的检验检测机构提出的复查申请。

3.3.2　由资质认定部门核查申请材料的完整性，并审查是否符合《检验检测机构资质认定评审准则》的要求，给出审批意见。

3.4　扩项评审

3.4.1　适用于已获资质认定技术能力内的少量参数扩项申请。

3.4.2　由资质认定部门核查申请材料的完整性，并审查是否符合《检验检测机构资质认定评审准则》的要求，给出审批意见。

3.5　当因受书面审查方式限制而导致检验检测机构的基本条件和技术能力确认存在疑点或者不充分的情况时，资质认定部门应当视风险情况，追加现场评审或者远程评审。

附件 3

检验检测机构资质认定远程评审工作程序

1 目的

本程序依据《检验检测机构资质认定管理办法》的相关资质认定技术评审要求制定，其目的是规范检验检测机构资质认定远程评审工作。

2 适用范围

本程序适用于对检验检测机构开展的资质认定远程评审工作。

远程评审方式适用于涉及实际技术能力变化的变更、扩项申请，以下情形可选择远程评审：由于不可抗力（疫情、安全、旅途限制等）无法前往现场评审；检验检测机构实验室从事完全相同的检测活动有多个地点，各地点均运行相同的管理体系，且可以在任何一个地点查阅所有其他地点的电子记录及数据的；已获资质认定技术领域能力内的少量参数变更及扩项；现场评审后需要进行跟踪评审，但跟踪评审无法在规定时间内完成。

3 实施部门

确定实施部门，组建评审组的程序与现场评审工作程序一致。

4 工作流程

4.1 材料审查

与现场评审工作程序一致。

4.2 评审通知的下发

材料审查合格后，资质认定部门或者其委托的专业技术评价机构向检验检测机构下发《检验检测机构资质认定远程评审通知书》，同时告知评审组按计划实施评审。

4.3 远程评审前准备

4.3.1 评审组长应当保持与资质认定部门或者其委托的专业技术评价机构的良好沟通，获得检验检测机构的相关信息和资料。

4.3.2 评审组长应当与检验检测机构进行良好沟通，了解其基本状况以及可能对评审过程产生影响的特殊情况等。

4.3.3 评审组长应当编制《检验检测机构资质认定远程评审日程表》，明确评审的日期、时间、评审范围（要素、技术能力）、评审组分工等。

4.3.4 评审组长应当与评审组成员联系，并组织策划远程评审方案；组织评审组成员对《检验检测能力申请表》的表述规范性进行初步审核，拟定现场考核项目。

4.3.5 远程评审前，评审双方应当对远程评审所需的信息和通信技术的软硬件配置的适宜性、相关人员的信息和通信技术能力、信息和通信技术的安全性和保密性等是否符合实施远程评审条件进行确认，若不符合，则不能实施远程评审。

4.4 远程评审的实施

4.4.1 预备会议

评审组长在评审前以视频会议方式召开评审组预备会，会议内容和要求与现场评审工作程序一致。评审组成员可在各自办公场所通过视频会议参加远程评审预备会。

4.4.2 首次会议

首次会议以视频会议方式由评审组长主持召开，评审组全体成员，检验检测机构管理层、技术负责人、质量负责人及评审组认为有必要参加的所申请检验检测项目相关人员应当参加首次会议，会议内容与现场评审工作程序一致，首次会议的音频、视频等文件应当存档。

4.4.3 检验检测机构场所考察

首次会议结束，由陪同人员携带图像采集设备依照评审组指示对检验检测机构相关的办公及检验检测场所进行图像采集。评审人员可及时进行有关的提问，有目的地观察环境条件、设备设施是否符合检验检测的要求。考察检验检测机构场所的音频、视频等文件应当存档。

4.4.4 现场考核

1）考核项目的选择、报告验证和现场试验的要求与现场评审工作程序一致。

2）评审组应当对需要进行现场试验的检验检测能力进行实时视频评审，视频采集设备应当覆盖试验场所，检验检测人员在开始试验操作前应当向视频采集设备出示上岗证并声明即将开展的检验检测活动。

现场操作时应当有额外的视频采集设备近距离采集试验过程，评审员或者技术专家应当与被见证的检验检测人员保持顺畅的沟通，必要时检验检测机构应当调整摄像设备或者多角度拍摄以便评审员或者技术专家能完整地观摩。

当检验检测机构实际情况不适合进行实时视频考核时（如网络问题、检验检测机构屏蔽问题等），检验检测机构应当根据与评审组事先商定的要求预录制现场试验视频，预录制的影像应当清晰包含检验检测人员、检验检测用关键设备、环境设施、检验检测对象及检验检测全部流程。评审组通过观察现场试验的视频来确认检验检测能力。

3）报告验证所需相关材料可通过网络文件传输方式向评审组提供。视频采集等装置覆盖文件存放场所。配备实验室信息管理系统的检验检测机构，评审组可通过系统授权以远程调阅的方式查阅资料。

现场考核的音频、视频等文件应当存档。

4.4.5 现场提问

现场提问的要求与现场评审工作程序一致。

现场提问可与现场考察、现场试验考核、记录查阅等活动结合进行，也可在座谈会等场合进行。现场试验考核、记录查阅活动中的现场提问通过视频采集设备同步音频采集完成，座谈会现场提问通过会议音频、视频采集完成。现场提问相关音频、视频等文件应当存档。

4.4.6 记录查阅

查阅文件、记录时，存放文件和记录的场所应当有音频、视频采集设备覆盖，机构人员携带额外的音频、视频采集设备遵照评审组指示取出需要查阅的文件。通过网络文件传输方式向评审组提供文件和记录。配备实验室信息管理系统的检验检测机构，评审组可通过系统授权以远程调阅的方式查阅相关文件及记录。查阅的文件、记录及相关音频、视频等文件应当存档。

4.4.7 评审记录的填写

评审记录的填写要求与现场评审工作程序一致，评审记录由评审组通过网络文件传递方式完成。

4.4.8 现场座谈

现场座谈以视频会议的方式完成，会议内容与现场评审工作程序一致。座谈会音频、视频等文件应当存档。

4.4.9 检验检测能力的确定

检验检测能力的确定与现场评审工作程序一致。

4.4.10 评审组确认的检验检测能力的填写

由评审组成员根据自身分工完成，通过网络文件传输方式提交评审组长汇总。

4.4.11 评审组内部会

评审组内部会以视频会议的方式完成，会议内容与现场评审工作程序一致。内部会音频、视频等文件应当存档。

4.4.12 与检验检测机构的沟通

与检验检测机构的沟通以视频会议的方式完成，沟通内容与现场评审工作程序一致。沟通会音频、视频等文件应当存档。

4.4.13 评审结论

评审结论分为“符合”“基本符合”“不符合”三种。

4.4.14 评审报告

评审报告中应当清晰注明本次评审方式是远程评审，评审报告内容和要求与现场评审工作程序一致。评审组成员的签字可通过文件传递或者符合法律法规要求的电子签名的方式完成。

4.4.15 末次会议

末次会议以视频会议的方式完成，会议内容与现场评审工作程序一致。末次会音频、视频等文件应当存档。

4.5 整改的跟踪验证

整改的跟踪验证要求和程序与现场评审工作程序一致。

4.6 评审材料汇总上报

汇总上报的评审材料除附件 1 第 4.6 条款要求的材料以外，还应当包括所有远程评审过程中相关的音频、视频、照片等文件。

4.7 终止评审

检验检测机构的以下情况，评审组应当请示资质认定部门或者其委托的专业技术评价机构，经同意后可终止评审。

1）无合法的法律地位；

2）人员严重不足；

3）场所严重不符合检验检测活动的要求；

4）缺乏必备的设备设施；

5）管理体系严重失控；

6）存在严重违法违规问题或被列入经营异常名录、严重违法失信名单；

7）用于远程沟通的设备出现异常情况且短期内无法恢复；

8）远程评审准备不充分，严重影响评审进度，如不能按照评审计划及时提供评审组所需要的证据资料，接受评审的人员不能熟练操作远程通信软件，提供的文件、记录等资料模糊、不清晰等导致影响评审进度的情况；

9）在远程评审中存在刻意误导隐瞒等情况；

10）不配合致使评审无法进行；

11）申请资质认定材料与真实情况严重不符。

附件 4

《检验检测机构资质认定评审准则》一般程序审查（告知承诺核查）表

条款	序号	具体审查（核查）内容	审查（核查）结论（在□中打√）		
			符合	基本符合	不符合
2	评审内容与要求				
2.8	检验检测机构应当是依法成立并能够承担相应法律责任的法人或者其他组织				
2.8.1*	检验检测机构或者其所在的组织应当有明确的法律地位，对其出具的检验检测数据、结果负责，并承担法律责任。不具备独立法人资格的检验检测机构应当经所在法人单位授权		□	□	□
	1）	检验检测机构是法人机构的应当依法进行登记。企业法人注册经营范围不得包含生产、销售等影响公正性的内容			
	2）	检验检测机构是其他组织（包括法人分支机构）的应当依法进行登记			
	3）	法人、其他组织登记、注册的机构名称、地址应当与资质认定申请书一致，且登记、注册证书在有效期内			
	4）	法定代表人不担任检验检测机构最高管理者的，应当对检验检测机构的最高管理者进行授权，并明确法律责任			
2.8.2	检验检测机构应当以公开方式对其遵守法定要求、独立公正从业、履行社会责任、严守诚实信用等情况进行自我承诺		□	□	□
	5）	检验检测机构应当真实、全面、准确地自我承诺其遵守法定要求、独立公正从业、履行社会责任、严守诚实信用等情况			
2.8.3	检验检测机构应当独立于其出具的检验检测数据、结果所涉及的利益相关方，不受任何可能干扰其技术判断的因素影响，保证检验检测数据、结果公正准确、可追溯		□	□	□
	6）	检验检测机构或其所在法人组织还从事检验检测以外的活动的，检验检测机构应当独立运作，并识别、消除与其他部门或岗位可能存在影响其判断的独立性和诚实性的风险			
2.8.4	检验检测机构及其人员应当对其在检验检测活动中所知悉的国家秘密、商业秘密负有保密义务，并制定实施相应的保密措施		□	□	□

续表

条款	序号	具体审查（核查）内容	审查（核查）结论（在□中打√）		
			符合	基本符合	不符合
	7）	检验检测机构制定并实施必要的保密制度和措施，使其人员对其在检验检测活动中所知悉的国家秘密、商业秘密履行保密义务			
2.9	检验检测机构应当具有与其从事检验检测活动相适应的检验检测技术人员和管理人员				
2.9.1*	检验检测机构与其人员建立劳动关系应当符合《中华人民共和国劳动法》《中华人民共和国劳动合同法》的有关规定，法律、行政法规对检验检测人员执业资格或者禁止从业另有规定的，依照其规定		□	□	□
	8）	检验检测机构人员均应当签订劳动、聘用合同，且符合相关法律法规的规定			
2.9.2	检验检测机构人员的受教育程度、专业技术背景和工作经历、资质资格、技术能力应当符合工作需要		□	□	□
	9）	检验检测机构具有为保证管理体系的有效运行、出具正确检验检测数据、结果所需的技术人员和管理人员（包括最高管理者、技术负责人、质量负责人、授权签字人等）			
	10）	检验检测机构技术人员和管理人员的结构、数量、受教育程度、理论基础、技术背景和经历、实际操作能力、职业素养等符合工作类型、工作范围和工作量的需要			
	11）	检验检测机构的技术负责人负责检验检测机构的全部技术活动范围			
	12）	技术负责人具有中级及以上相关专业技术职称或者同等能力。同等能力是指博士研究生毕业，从事相关专业检验检测活动 1 年及以上；硕士研究生毕业，从事相关专业检验检测活动 3 年及以上；大学本科毕业，从事相关专业检验检测活动 5 年及以上；大学专科毕业，从事相关专业检验检测活动 8 年及以上			
	13）	质量负责人、技术负责人、授权签字人符合管理体系任职要求、授权条件，具有任职文件，有充分的证据证明其能力持续符合要求			
2.9.3	检验检测报告授权签字人应当具有中级及以上相关专业技术职称或者同等能力，并符合相关技术能力要求		□	□	□
	14）	检验检测报告授权签字人具有中级及以上相关专业技术职称或者同等能力。同等能力是指博士研究生毕业，从事相关专业检验检测活动 1 年及以上；硕士研究生毕业，从事相关专业检验检测活动 3 年及以上；大学本科毕业，从事相关专业检验检测活动 5 年及以上；大学专科毕业，从事相关专业检验检测活动 8 年及以上			

续表

条款	序号	具体审查（核查）内容	审查（核查）结论（在□中打√）		
			符合	基本符合	不符合
	15）	检验检测报告授权签字人的授权文件明确规定授权签字人签字范围，授权签字人的工作经历和教育背景与授权文件规定的签发报告范围相适应，授权签字人的能力胜任所承担的工作			
2.10	检验检测机构应当具有固定的工作场所，工作环境符合检验检测要求				
2.10.1*	检验检测机构具有符合标准或者技术规范要求的检验检测场所，包括固定的、临时的、可移动的或者多个地点的场所		□	□	□
	16）	检验检测机构的工作场所与《检验检测机构资质认定申请书》填写的工作场所地址一致			
	17）	检验检测机构对工作场所具有完全的使用权，并能提供证明文件。如租用、借用场地，期限不少于 1 年			
2.10.2	检验检测工作环境及安全条件符合检验检测活动要求		□	□	□
	18）	检验检测机构的场所符合开展检验检测相应标准或者技术规范要求			
	19）	标准或者技术规范对开展检验检测活动的环境条件有要求，或者当环境条件影响检验检测结果质量时，检验检测机构应当对环境条件进行监测、控制和记录，使其持续符合标准或者技术规范要求			
	20）	检验检测机构应当有效识别检验检测活动所涉及的安全因素（如危险化学品的规范存储和领用、危险废物处理的合规性、气瓶的安全管理和使用等），并设置必要的防护设施、应急设施，制定相应预案			
2.11	检验检测机构应当具备从事检验检测活动所必需的检验检测设备设施				
2.11.1*	检验检测机构应当配备具有独立支配使用权、性能符合工作要求的设备和设施		□	□	□
	21）	检验检测机构应当配备符合开展检验检测（包括抽样、样品制备、数据处理与分析等）工作要求的设备和设施			
	22）	检验检测机构使用租用、借用的设备设施申请资质认定的，应当有合法的租用、借用合同，租用、借用期限不少于 1 年。并对租用、借用的设备设施具有完全的使用权、支配权。同一台设备设施不得共同租用、借用、使用			
2.11.2	检验检测机构应当对检验检测数据、结果的准确性或者有效性有影响的设备（包括用于测量环境条件等辅助测量设备）实施检定、校准或核查，保证数据、结果满足计量溯源性要求		□	□	□

续表

条款	序号	具体审查（核查）内容	审查（核查）结论（在□中打√）		
			符合	基本符合	不符合
	23）	对检验检测数据、结果有影响的设备（包括仪器、软件、测量标准、标准物质、参考数据、试剂、消耗品、辅助设备或相应组合装置），投入使用前应当实施核查、检定或者校准及周期核查、检定或者校准； 设备检定或者校准应当满足计量溯源性要求； 设备的核查、使用、维护、保管、运输等应符合相应的程序以确保其溯源的有效性			
	24）	对检定、校准或核查的结果进行计量确认，确保其满足预期使用要求。包括溯源文件的有效性、检定、校准或核查的结果与预期使用的计量要求相比较以及所要求的标识。 所有修正信息得到有效利用、更新和备份。 无法溯源到国家或国际测量标准时，检验检测机构应当保留检验检测结果相关性或准确性的证据。 检验检测机构的参考标准及其使用应满足溯源要求			
2.11.3	检验检测机构如使用标准物质，应当满足计量溯源性要求		□	□	□
	25）	若使用标准物质，应当满足计量溯源性要求，可能时，溯源到SI单位或者有证标准物质			
2.12	检验检测机构应当建立保证其检验检测活动独立、公正、科学、诚信的管理体系，并确保该管理体系能够有效、可控、稳定实施，持续符合检验检测机构资质认定条件以及相关要求				
2.12.1	检验检测机构应当依据法律法规、标准（包括但不限于国家标准、行业标准、国际标准）的规定制定完善的管理体系文件，包括政策、制度、计划、程序和作业指导书等。检验检测机构建立的管理体系应当符合自身实际情况并有效运行		□	□	□
	26）	检验检测机构建立的管理体系与机构自身实际情况相适应。 检验检测机构应当提供其管理体系有效运行的证据			
	27）	检验检测机构建立的管理体系文件包含政策、制度、计划、手册、程序和作业指导书，以恰当的文件形式体现。文件形式包括但不限于质量手册、程序文件、作业指导书等			
	28）	检验检测机构建立的管理体系应当有效运行，具有体系运行相应的记录。 a）管理体系文件标识、批准、发布、变更和废止控制记录； b）客户投诉的接收、确认、调查、处理和服务客户记录；			

续表

<table>
<tr><th rowspan="2">条款</th><th rowspan="2">序号</th><th rowspan="2">具体审查（核查）内容</th><th colspan="3">审查（核查）结论
（在□中打√）</th></tr>
<tr><th>符合</th><th>基本符合</th><th>不符合</th></tr>
<tr><td></td><td>28）</td><td colspan="4">c）检验检测不符合工作的处理记录；
d）检验检测机构采取纠正措施、应对风险和机遇的措施和改进记录；
e）检验检测样品全过程控制记录；
f）检验检测机构管理体系内部审核记录；
g）检验检测机构管理评审记录</td></tr>
<tr><td></td><td>29）</td><td colspan="4">检验检测机构建立的管理体系应当对机构组织结构、岗位职责、任职要求和能力确认作出规定。
检验检测机构依据管理体系建立的人员技术档案内容包括不限于教育背景、培训经历、资格确认、授权、监督的相关记录。
检验检测机构依据管理体系规定开展人员的管理、技术、安全培训，并保存培训记录</td></tr>
<tr><td>2.12.2</td><td colspan="2">检验检测机构应当开展有效的合同评审。对相关要求、标书、合同的偏离、变更应当征得客户同意并通知相关人员</td><td>□</td><td>□</td><td>□</td></tr>
<tr><td></td><td>30）</td><td colspan="4">检验检测机构建立的管理体系包含对评审客户要求、标书、合同的偏离、变更作出规定的内容</td></tr>
<tr><td></td><td>31）</td><td colspan="4">检验检测机构的管理体系包含对分包和使用判定规则的相关规定</td></tr>
<tr><td>2.12.3</td><td colspan="2">检验检测机构选择和购买的服务和供应品应当符合检验检测的工作需求</td><td>□</td><td>□</td><td>□</td></tr>
<tr><td></td><td>32）</td><td colspan="4">检验检测机构应当对选择和购买的服务和供应品符合检验检测工作需求作出规定并有效实施，确保服务和供应品符合检验检测工作需求</td></tr>
<tr><td>2.12.4*</td><td colspan="2">检验检测机构能正确使用有效的方法开展检验检测活动。检验检测方法包括标准方法和非标准方法，应当优先使用标准方法。使用标准方法前应当进行验证；使用非标准方法前，应当先对方法进行确认，再验证</td><td>□</td><td>□</td><td>□</td></tr>
<tr><td></td><td>33）</td><td colspan="4">检验检测机构对新引入或者变更的标准方法进行方法验证并保留方法验证记录，方法验证记录可以证明人员、环境条件、设备设施和样品符合相应方法要求，检验检测的数据、结果质量得到有效控制。检验检测机构在使用非标方法前应当进行确认、验证，并保留相关方法确认记录和方法验证记录</td></tr>
<tr><td></td><td>34）</td><td colspan="4">检验检测机构根据所开展检验检测活动需要制定作业指导书，如设备操作规程、样品的制备程序、补充的检验检测细则等。作业指导书与检验检测机构开展的检验检测活动相适应</td></tr>
</table>

续表

条款	序号	具体审查（核查）内容	审查（核查）结论（在□中打√）		
			符合	基本符合	不符合
	35）	检验检测机构的管理体系包含对检验检测方法定期查新和保留查新记录作出规定的内容。检验检测机构保留查新记录，证明所用方法正确有效			
2.12.5	当检验检测标准、技术规范或者声明与规定要求的符合性有测量不确定度要求时，检验检测机构应当报告测量不确定度		□	□	□
	36）	检验检测机构的管理体系包含对报告检验检测结果测量不确定度作出规定的内容			
	37）	检验检测机构开展检验检测活动所依据的方法中有不确定度要求或声明与规定要求的符合性有测量不确定度要求时，检验检测机构根据管理体系的规定报告不确定度并保留记录			
2.12.6	检验检测机构出具的检验检测报告应当客观真实、方法有效、数据完整、信息齐全、结论明确、表述清晰并使用法定计量单位		□	□	□
	38）	检验检测机构体系文件包含检验检测报告的固定格式。报告应当客观真实、方法有效、数据完整、信息齐全、结论明确、表述清晰、使用法定计量单位并符合检验检测方法的规定			
	39）	检验检测机构开展检验检测活动的原始记录信息能有效支撑对应出具的报告内容			
	40）	检验检测机构出具的报告至少应当包括：标题、唯一性标识、资质认定标志、检验检测机构的检验检测专用章或者公章、授权签字人识别、客户的名称和地址、检验检测方法的识别、样品的识别、样品接收时间和检验检测时间、签发时间、存在抽样时的抽样信息和存在分包时的分包信息			
	41）	检验检测机构如果使用电子签名，符合相关法律法规规定			
2.12.7	检验检测机构应当对质量记录和技术记录的管理作出规定，包括记录的标识、贮存、保护、归档留存和处置等内容。记录信息应当充分、清晰、完整。检验检测原始记录和报告保存期限不少于6年		□	□	□
	42）	检验检测机构的管理体系包含对记录管理的规定，记录应当信息充分、清晰、完整。记录管理内容包括记录标识、贮存、保护、归档留存和处置等。检验检测原始记录和报告保存期限不少于6年			
	43）	检验检测机构具备保存记录和相关文件的场所，该场所的环境设施及环境条件符合保存要求			

续表

条款	序号	具体审查（核查）内容	审查（核查）结论（在□中打√）		
			符合	基本符合	不符合
2.12.8	检验检测机构在运用计算机信息系统实施检验检测、数据传输或者对检验检测数据和相关信息进行管理时，应当具有保障安全性、完整性、正确性措施		□	□	□
	44）	检验检测机构在利用计算机信息系统对检验检测数据进行采集、处理、记录、报告、存储或者检索时，检验检测机构建立的管理体系文件包含保护数据完整性、安全性和不可伪造篡改的内容，防止未经授权的访问，确保检验检测数据、结果不被篡改、不丢失、可追溯			
	45）	检验检测机构在运用计算机信息系统实施检验检测、数据传输或者对检验检测数据和相关信息进行管理时，正确有效开展保障安全性、完整性、正确性的措施			
	46）	检验检测机构应当对所使用的自动化软件，包括信息化管理系统、数据采集系统、数据处理系统的正确性进行验证并保留相关活动记录			
	47）	检验检测机构建立的管理体系包含对计算机信息系统的数据保护、电子存储和传输结果规定的内容			
2.12.9	检验检测机构应当实施有效的数据、结果质量控制活动，质量控制活动与检验检测工作相适应。数据、结果质量控制活动包括内部质量控制活动和外部质量控制活动。内部质量控制活动包括但不限于人员比对、设备比对、留样再测、盲样考核等。外部质量控制活动包括但不限于能力验证、实验室间比对等		□	□	□
	48）	检验检测机构建立的管理体系包含对数据、结果质量控制作出规定的内容。检验检测机构开展的数据、结果质量控制活动与其开展的检验检测工作相适应			
	49）	检验检测机构具有依据管理体系规定开展数据、结果质量控制活动的相关记录			
	50）	检验检测机构在开展数据、结果质量控制活动时，数据的记录方式便于发现其发展趋势，若发现偏离了预先目标，应当采取有效的措施纠正，防止出现错误的结果			
2.13	有关法律法规及标准、技术规范对检验检测机构的主体、人员、场所环境、设备设施和管理体系等条件有特殊规定的，检验检测机构还应当符合相关特殊要求		□	□	□

续表

<table>
<tr><th rowspan="2">条款</th><th rowspan="2">序号</th><th rowspan="2">具体审查（核查）内容</th><th colspan="3">审查（核查）结论
（在□中打√）</th></tr>
<tr><th>符合</th><th>基本符合</th><th>不符合</th></tr>
<tr><td rowspan="2">结论</td><td>一般程序审查</td><td>符合 □
基本符合 □
不符合 □</td><td rowspan="2">备注</td><td colspan="2">带“*”条款出现不符合的，审查结论为“不符合”</td></tr>
<tr><td>告知承诺核查</td><td>承诺属实 □
承诺基本属实 □
承诺严重不属实 / 虚假承诺 □</td><td colspan="2">带“*”条款出现不符合的，核查结论为“承诺严重不属实 / 虚假承诺”</td></tr>
</table>

市场监管总局办公厅关于印发《机动车检验机构资质认定评审补充技术要求》的通知

（市监检测函〔2022〕111号）

各省、自治区、直辖市及新疆生产建设兵团市场监管局（厅、委）：

现将修订后的《机动车检验机构资质认定评审补充技术要求》印发给你们，请结合实际认真贯彻执行，确保机动车检验机构资质认定评审工作顺利转版实施。

市场监管总局办公厅

2022年12月29日

机动车检验机构资质认定评审补充技术要求

第一章　总　则

第一条　为了规范机动车检验机构资质认定评审工作，依据《中华人民共和国道路交通安全法》及其实施条例、《中华人民共和国大气污染防治法》、《检验检测机构资质认定管理办法》以及相关文件规定，制定本补充技术要求。

第二条　本补充技术要求所称机动车检验机构包括开展机动车安全技术检验和排放检验的机构。

机动车安全技术检验机构是指依照《中华人民共和国道路交通安全法》及其实施条例的规定，按照机动车安全技术检验标准，对上道路行驶的机动车开展安全技术检验的机构。

机动车排放检验机构是指依照《中华人民共和国大气污染防治法》的规定，按照国家标准和国务院生态环境主管部门制定的规范或者地方的有关规定，对上道路行驶的机动车开展排放检验的机构。

第三条　对机动车检验机构的资质认定评审应符合本补充技术要求。

第四条　机动车检验机构经营范围涉及机动车维修、维护、销售的，应确保机动车检验业务与其他相关业务之间的独立运行，保证检验的公正性。

第二章 技术能力评审要求

第五条 机动车检验机构应具备《机动车安全技术检验项目和方法》（GB 38900）适用车辆类型中的一类或几类车型的安全技术检验全部项目检验能力，同时应具备《汽油车污染物排放限值及测量方法（双怠速法及简易工况法）》（GB 18285）、《柴油车污染物排放限值及测量方法（自由加速法及加载减速法）》（GB 3847）或其他排放标准中对应车型的排放检验能力（不适用的除外）。

第六条 具有多场所的机动车检验机构，每一个检验场所都应具备一类或几类车辆类型的机动车安全技术检验全部项目检验能力和对应车型的排放检验能力，具备独立开展机动车检验的完整检验能力和服务能力。

第三章 人员评审要求

第七条 机动车检验机构应按照资质认定要求，配置相应的检验人员。机动车检验机构检验人员应包括（但不限于）：登录员、外观检验员、底盘部件检验员、引车员、OBD 查验员、排放检验员等。检验人员的检验能力应与所承担的机动车检验工作相匹配。

第八条 机动车检验机构应对检验人员进行培训，并经考核合格，确认其满足技术能力要求后方可从事相关岗位的检验工作。

第九条 机动车检验机构检验人员数量应与检测线数量及日检验车辆数量相匹配，满足机动车检验的要求。

第十条 机动车检验机构技术负责人、授权签字人应熟悉相关的法律法规、标准，熟悉机动车理论与构造、排放控制系统基础知识与组成、熟悉各检验工位业务、流程及相关专业知识，熟悉检验检测仪器设备的结构及性能，熟练掌握检验检测仪器设备的操作规程。

第十一条 机动车检验机构技术负责人、授权签字人应具有中级及以上相关专业技术职称并从事相关检验检测工作三年及以上，或者具备同等能力。大型客车、校车和危险货物运输车辆检验授权签字人为具有同等能力人员时，从事相关检验检测工作时限要求在原有要求基础上增加两年。

本条所称相关专业技术职称是指：车辆工程、动力工程（内燃机）、汽车运用工程、汽车维修工程、汽车检测（技术）、汽车设计制造、汽车试验、汽车服务工程及机械工程、道路运输安全、机电制造、自动化控制、环境工程和环境监测类等技术职称。

本条所称同等能力是指：符合《检验检测机构资质认定评审准则》规定的同等能力要求；或者车辆工程、汽车运用工程、汽车服务工程等专业大学本科毕业，机动车设计、制造、装配、检测、维修、鉴定评估、整形及改装、汽车电子、汽车营销与服务、汽车新能源等专业大学专科毕业，从事相关检验检测工作三年及以上；或者具有机动车检测、机动车维修、汽车制造、汽车装调、工程机械维修类等技师及以上技能资格（等级），从事相关检验检测工作三年及以上。

本条所称从事相关检验检测工作是指：在检验检测机构从事机动车整车检验、在机动车生产企业从事整车检验、在汽车修理企业从事整车检验、从事机动车安全技术检验、机动车排放检验、机动车综合性能检验工作。

第十二条 机动车检验引车员应持有与检验车型相对应的有效机动车驾驶证，并具有两年以上驾龄。

第十三条 机动车检验机构应与机动车检验人员签订劳动、聘用合同，建立劳动关系。检验人员应签订诚信检验承诺书，承诺严格按照法律法规、技术标准等要求开展机动车检验工作。

第四章 场所设施评审要求

第十四条 机动车检验机构应具有所有权或者完全使用权的固定工作场所，其工作环境能保证检验结果的准确。

第十五条 机动车检验机构场地、建筑物等设施应满足承检车型检验项目和安全作业的要求，并设置相应的办公、检验、服务等区域。

办公区域应设置办公室、档案室（分类存放技术档案、车辆档案）、机房。

检验区域应设置预检区、外检区、车辆底盘部件检验区（可与具备其功能的检验区合并）、检测车间（仪器设备自动控制区）、底盘动态检验区、行车制动性能路试检验区（适用时）、驻车制动性能路试检验区、整备/空车质量和外廓尺寸检验区（适用时）。外检区应设置外检棚或外检车间。在检验区域内对车辆进行有移动性质的检测时应封闭管理，有隔离设施防止无关人员进入，确保检验安全。

第十六条 机动车检验机构内部道路应为水泥或者沥青路面，并做到视线良好、保持畅通，道路的长度、宽度、转弯半径应满足承检车型的正常行驶要求。

第十七条 机动车检验机构应合理规划场内行车路线。应设置足够的交通标志、交通标线、引导牌、安全标志等。场内交通标志标线信息应简洁、清晰、连续且指向明确，符合《道路交通标志和标线》（GB 5768）的规定，确保车辆和人员通行安全和进出顺畅。

第十八条 车辆底盘部件检验操作空间应当满足检验要求，有良好的照明、通风、信号等设施，地沟周围有车辆防坠入措施。

进出地沟楼梯通道应设置在地沟侧面，进出口有安全护栏，或有其他能够保护车辆底盘部件检验人员的安全措施，且不影响车辆通行。

使用举升装置进行检验的场地应留有足够的工作和避险空间。

第十九条 检测车间应为固定建筑，通风、照明、排水、防雨、防火等满足安全防护要求。

检测车间的长度、宽度、内部空间、各工位空间及间隔距离和检测车间出入门应满足相应检验车型和检验项目的要求。检测车间应充分考虑空气的流通，必要时安装车辆废气排出装置，降低车间内的空气污染，确保排放检验车间通风良好，排放检验区域不发生机动车排气累积或聚集。

检测车间应铺设易清除污物的硬地面（如水泥、水磨石等），地面强度应满足被检车辆的承载要求；行车地面纵向和横向坡度不大于0.1%；制动性能检测设备前后的行车地面附着系数应当不小于0.7（大型车辆检测线6 m内、小型车辆检测线3 m内，使用平板制动检验台时除外），或有其他防止制动检验时车辆后滑的措施。

检测车间出入门应分别设置，不得混用。

检测车间内人行通道（如有）应当设置隔离栏和标志，与检验通道隔离，宽度不小于1 m。

检测车间出入口应设有引车道和必要的交通标志。

第二十条 机动车检验机构应具备行车制动路试车道，车道长度和宽度应当满足检验工作的要求。

路试车道应铺设平坦、硬实、清洁的水泥或者沥青路面，设置规范的交通标志标线，纵向坡度不大于1%、轮胎与地面间的附着系数不小于0.7。总质量小于等于3 500 kg的车辆路试车道，有效长度不少于80 m，宽度不少于6 m；总质量大于 3 500 kg 的车辆路试车道，有效长度不少于 100 m，宽度不少于 6 m；或经过实测满足承检车型要求。路试车道应设有安全标识和安全防护措施。

不得在楼顶、地下室和场区外等区域设置路试车道。

采用平板制动检验台检验非营运小型、微型载客汽车行车制动性能时，可不具备路试车道。

第二十一条 机动车检验机构应具备驻车坡道或配备满足《机动车安全技术检验项目和方法》（GB 38900）要求的驻车制动仪器设备。

驻车坡道应满足以下要求：坡度 15%（适用时）和 20%，坡道宽度比承检车型的最大宽度宽 1 m。并设有安全标识和安全防护措施。

不得在楼顶、地下室和场区外等区域设置驻车坡道。

第二十二条 机动车检验机构场区内应具备底盘动态检验区，其长度和宽度应满足承检车型要求。

第二十三条 机动车检验机构停车场地面积应当与检验能力和日检验车辆数量相适应。

停车场地应为水泥、沥青或者其他硬地面，能承受车辆的碾压；场内应划分停车线和车辆行驶通道，保持进出口畅通；满足消防等安全要求；布局合理，标线指示牌清晰，能够保证检验流程顺畅，尽量避免产生车辆交叉干扰，如无法避免时应增设有效管控措施。

第五章 仪器设备评审要求

第二十四条 机动车检验机构应依据其申请的检验检测能力范围配备满足国家标准和规范要求的检验检测仪器设备及相关标准物质。

机动车检验的主要检验检测仪器设备，如制动检验台、轮（轴）重仪（地磅）、侧滑检验台、前照灯检测仪、外廓尺寸自动测量装置、底盘测功机、底盘间隙仪等，应为固定式设备，自动控制的仪器设备应安装在检测车间内。摩托车和三轮汽车的主要检验检测仪器设备可采用移动式设备。

机动车检验机构对使用的检验检测仪器设备应拥有所有权。

第二十五条 机动车检验机构应保证用于检验检测并对结果有影响的软件符合相关法律法规、标准的规定，经过验证，以及进行维护、变更、升级后的再验证，并加以唯一性标识。

机动车检验机构应确保用于检验检测的软件的唯一性、完整性，不得擅自修改软件，确需升级的，应记录版本号、时间和功能修改说明。

第六章　管理体系评审要求

第二十六条　机动车检验机构应在服务区域的明显位置，公示由其法定代表人或最高管理者签署的、具有法律效力的公正性和诚信承诺。

第二十七条　机动车检验机构应制定客户信息保密制度，保密内容应至少包括以下内容：

（一）委托方提交的文件与资料；

（二）检验记录和检验报告所涉及的委托方信息；

（三）检验员在现场检验时获得的信息，包括检验结论等；

（四）机动车检验机构从客户以外的渠道（如监管机构、投诉人）获得的有关客户的信息。

第二十八条　机动车检验机构不得对机动车检验进行分包。

第二十九条　对检验不合格的车辆，机动车检验机构应一次性书面告知送检人不合格内容，当出现不适宜继续进行检验的项目除外。

第三十条　机动车检验使用的固定式检验检测仪器，应具有数据通讯接口，能够进行联网控制和计算机联网。

机动车检验机构不得改变联网检验检测仪器设备的测试原理、分辨率、测量结果数据的有效位数和检验结果，排放检验结果的修约应按生态环境部门的要求执行。

固定式检验检测设备，应采用数字式数据处理二次仪表，包括：工控计算机、单片机、单板机、数字信号处理系统（DSP数字信号处理器）等。

第三十一条　机动车检验机构应建立记录管理程序，保护和备份以电子形式存储的记录，防止未经授权的侵入或修改。

第三十二条　机动车检验记录（包括复检记录、路试记录及电子形式存储的记录）应通过纸质签名、电子媒介或者其他途径记录检验员个人身份标识并可追溯到检验员。

检验员个人身份标识应具有唯一性，并保证安全，防止盗用和误用。

授权签字人、检验员、受理人员采用电子签名的，应符合相关法律法规的要求，并保留相应的影像资料或具备人脸识别、指纹识别等功能，确保记录可追溯。

第三十三条 机动车检验报告中所有项目的检验结果应能追溯到检验记录，检验报告和检验记录的编号应具有唯一性并对应。

第三十四条 机动车检验机构不得在已出具的检验报告上做任何修改。如确需对检验报告进行修改，应将已出具的报告收回、作废，发出新的报告，必要时重新进行检验。

第三十五条 机动车检验机构在保证安全、完整、可追溯的前提下，可使用电子形式存储的记录和报告代替纸质文本存档。

第三十六条 车辆检验报告与检验记录（包括初、复检记录和路试记录）保存期应不少于六年，机动车排放检验报告的电子档案保存期应不少于十年。

机动车检验机构应保存机动车检验过程中每一次检验的检验报告和检验记录。

与公安、生态环境、交通运输部门联接的与检验相关的监控视频、图像和数据信息的保存按照相关部门的要求执行。

第三十七条 机动车检验机构应在服务大厅设立公示栏，公示其服务承诺、资质信息、检验项目、检验标准、收费标准等信息和车辆检验流程图。

第三十八条 机动车检验机构在开展机动车检验过程中应提供以下服务：

（一）预约检车服务，并保障预约车辆优先检验。

（二）“交钥匙工程”服务，检验工作由检验机构工作人员一次性负责办结。整合窗口服务流程，实现全流程一窗办理。办事窗口实行排队叫号管理。

（三）服务大厅设置综合咨询台，提供取号和咨询服务；设置电子屏幕，实时显示车辆检测情况。

（四）在明显位置公示监督举报电话、设置举报箱，及时妥善回应群众合理意见。

各省、自治区、直辖市、新疆生产建设兵团市场监管部门在以上要求的基础上，可以根据本地区的实际情况制订相关机动车检验机构服务规范或标准。

第七章 附 则

第三十九条 具备一类、二类维修资质的汽车品牌销售服务企业试点开展非营运小型、微型载客汽车检验，申请资质认定评审要求按照《公安部　市场监管总局　生态环境部　交通运输部关于印发〈关于深化机动车检验制度改革优化车检服务工作的意见〉的通知》的相关要求实施。

第四十条　本补充技术要求自2023年6月1日起施行。原国家质量监督检验检疫总局和原国家认监委于2015年9月24日发布的《检验检测机构资质认定机动车安全技术检验机构评审补充要求》同时废止。